はじめての まちづくり学

山崎義人 / 清野隆 / 柏崎梢 / 野田満 著

学芸出版社

＊本書は「一般財団法人住総研」の2021年度出版助成を得て出版されたものである。

はじめに

　本書は、「まちづくり」にかかわる都市や社会の事象をなるべく平易に噛み砕いて解説した体系的な入門書です。

　これまで学生たちに「まちづくり」を伝えてくるなかで、いくつかの違和感が芽生えていました。1つは、これまでのまちづくりの教科書は少々難しすぎるのではないかということ。もう1つは、この10年ぐらいの現場の急速な展開のなかで教科書が追いついていないのではないか、ということ。さらにもう1つは、個別のプロジェクトにうまく取り組めても、「まちづくり」の大きな流れを描ける素養を学生は身につけてはいないのではないか、ということでした。まちづくりには長年かけて丹念につくりあげていく、そうしたニュアンスが込められていますが、近年薄れつつあるのではないでしょうか。

　まちづくりや地域づくりを扱う文理融合の学際的な学部学科が増え、多くの学生が「まちづくり」を学び社会に出て行きます。こうした状況を頼もしく思います。その一方で、その入り口としての教科書は、ほとんどが従来の土木・建築・造園や都市工学など、理工系の学びを出発点としてきました。特に、まちづくりは都市計画から派生してきたこともあり、高度に専門化した内容を教える傾向にありました。それでは、20歳前後でまちづくりを学ぶ学生には、なかなか接点を見出しづらいように思うのです。

　学生や著者にとっても身近なまちづくりの現場として挙げられるのは、2010年代以降に展開しはじめた、空き家・空き地のリノベーションや、それにまつわるコミュニティづくり、子ども食堂やコミュニティ・カフェといった取り組みです。しかし従来の教科書ではあまり触れられてはいません。

　考えをもう少し先に進めてみると、これまでのまちづくり教育で育てようとしていた人材像と、これから世の中に求められている人材像が異なってきているのではないか？という問いに至りました。要するに専門家養成以前の学びを充実する必要があるのではという問いです。人口減少、リーマンショック、東日本大震災などなど、次々に困難に晒されるまちの現場で、もう一度、改めて必要なのは「市民が主役」のまちづくりではないでしょうか。地域に暮らす人々にとって、まちづくりはますます身近な営為になってきています。いわゆるアフターコロナにおいても、そうした傾向はより強くなっていくことでしょう。まちづくりには幅広い教養が求められます。まちづくりを自分事として学び、市民としての主体性を醸成し、まちの個性を読み取り、まちの中で実践する。そんな意欲的でイノベーティブな市民を育てる、まちづくりの教科書が必要だと考えるようになりました。本書はこうした問いや想いを共有した著者らの新たな試みです。学生のみならず、まちづくりに興味・関心があり、これからまちづくりを始めようとする市民の方々にも手に取ってもらえればとも思います。

　まちに暮らす人々の眼差しから、まちづくりを考えられるように、各章は構成されています。

1章「私から始めるまちづくり——個人と社会潮流」では、若い読者に地元のまちを読み直してもらうことから始まり、地域や社会課題を自分事として捉える補助線となることを狙っています。

2章「みんなと出会う——参加・協働」では、まちがそこに暮らす「人」から立ち上がるものであ

り、あらゆる主体の営みが複層的に絡まり合う多様さをもっていることを伝えることを目的としています。年齢も職業も異なる人々の存在を知り、共に助け合うことが、これからのまちづくりにはいっそう欠かせない視点になるだろうと考えています。

3章「まちに出会う──計画・デザイン」では、人々の営みによって形づくられてきた環境としてのまちへと展開します。構成要素としての歴史、環境、構造物や、まちの個性を発見する方法を学び、環境の特徴を捉える目を養います。同時に、まちづくり計画やまちづくり協定、都市計画、建築基準法などへの理解を促し、そのうえで個性を活かした計画・デザインにつなげていきます。

4章「まちをつくるプロセス──運動・運営」では、読者が実際にまちづくり活動を起こすことを想定し、順を追って手順を解説していきます。様々な人々やまちとの関係を取り結び、その動きを拡げ、いかに多様な主体と連携を図るのか？そのプロセスを辿ります。

5章「まちづくり事例集（1970's ～ 2020's）」は、社会背景や主体、計画や構成、プロセスなど異なる特徴的な15の事例をシンプルに紹介しています。個々の事例の理解だけでなく、これまで学んできた知識をもとに、それぞれの成功要因や今後の展望について主体的に探り、学ぶ力をつけてもらうことを狙いとしています。

6章「知っておきたい基礎知識」は、まちづくりの背景を補填する章です。1960年前後から50年ほどの時間を振りかえり、15年単位で区切りながら、どのようにまちづくりが捉えられてきたか、その変遷について概観します。さらにまちづくりの歴史と併走して、大きく影響を与えたと思われる10名の海外の人物たちと彼らの提唱した概念を手短に紹介しています。自身の興味関心に近いものを見つけ、それぞれの学びを深めるきっかけとなれば幸いです。

　さらに、各章の導入や振り返りとして、書き込み式の「ワークシート」を収録しています。読者がより自分事としてまちづくりを実感することを促すこれらのワークシートでは、知識の活用というよりは、読者自らの経験や感性、価値観を掘り下げ表現することを狙っています。自分自身を客観的に理解するとともに、まちとのつながりを再認識・再発見する機会でもあります。本書を用いた学びをあなたの実践へとつなげる作業でもあり、これらのワークが一歩を踏み出す足掛かりとなることを期待しています。

　まちづくりの担い手は、まちに住み、働き、訪れ、集うすべての人々です。多様な主体が連携・協働することで豊かなまちはつくられます。本書を読み終えたあらゆる読者が、小さくとも自分たちなりのまちづくりを実践する「主体的な市民」となり、それぞれの立場でそれぞれのまちをより良くして行ってくれることを願ってやみません。

2021年7月

著者一同

目次

序
まちづくりとは

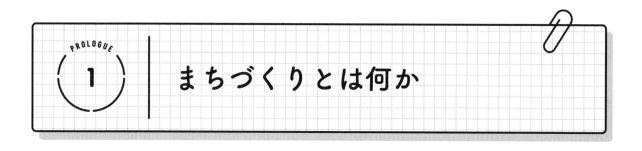

PROLOGUE

(1)

まちづくりとは何か

0 まちと私たち

　　まずおさえておきたいのは、まちづくりという言葉の意味についてです。ここでは「まち」を「つくる」という行為と、「私たち」との関わりを整理します。さらに、様々な主体が協働することで生み出される「公共性」も、本書の大きなテーマです。そして、「まちづくり」と「都市計画」がどう異なり、どう支え合っているのかについても理解を深めましょう。

1 平仮名でまちづくり

　そもそも、なぜ「まちづくり」は平仮名で書かれるのでしょうか？これは、都市計画という行政の行為に対して、市民の行為であることをわかりやすく伝えるため、あえて「やまとことば」を用いているからです。

　まちは漢字で、「街」や「町」と書きます。一般に「街」という文字は、市街地や街角というように都市部の商店やビルなどの建物が建ち並んでいる場所を表し、主に物的な環境を示します。一方で「町」は町内会というように、人々が一定の規模で近隣やコミュニティをつくり、集まって住んできた範囲を示します（行政区画の単位の「町」は別として）。おおむね、日常生活における行動範囲の大きさと捉えられます。つまり「町」は、社会的な仕組みや土地の歴史的な関係性を示します。まちづくりにおいて平仮名で「まち」と表記するのは、「街」や「町」のどちらに偏ることもなく、物理的かつ社会的な、すべての意味を含めて表記するためなのです。

　そして、全くまっさらな「まち」など、どこにも存在しません。門前町や集落のように色濃く履歴を残すまちだけでなく、丘陵を切り開いた新興住宅地でさえ、地形や旧地名を読み取れば、それまでの生活のため利活用されてきた来歴をもつことがわかります。そもそも「まち」は、人々の共通財産ですから、培われてきた歴史文化や生活環境を活かし守ることが前提となります。

　本書では、農山漁村など一般には「むら」と呼ばれるものも扱いますが、特筆しない限り、「まち」は「むら」も含意しているものとして扱います。

　「まちづくり」の「づくり」は"つくる"の活用形であり、英語で言うと、Make に対しての Making に当たります。つまり、何かをつくる運動や活動であることを意味しています。また、まちづくりには「『人づくり』、『米づくり』のもつ意味と同様に（中略）長い年月をかけて丹精込めて少しずつ育て上げていくというニュアンスも込められて」[1]います。そして、例えば台湾では、まちづくりのことを「社区総体営造」と訳します。社区とはコミュニティ（まち）のこと、営とは経営・運営などのソフトを意味し、造は建造の意で、構造物などのハード整備を示します。つまり、まちのソフトとハードを総体的に保全・改善することを意味するように、上手に訳されています[1,2,3]。

2 直接的に表現されない「私たち」

　まちづくりには、直接的には表現されていない「私たち」という主語が含意されています。まちづくりを英語で簡単に表記するとTown Makingとなりますが、（Our）Town MakingのOurが表記されていません。では、この「私たち」とはだれのことかというと、まちの市民たちにほかなりません。まちの主役は、そこに住み、働き、訪れ、集う市民たちです。

　まちには多様な人々が存在します。ただし、毎日深夜に大声で熱唱して迷惑をかける人はほとんどいませんね。同じまちに暮らす一人ひとりが好き勝手に行動していては大変なことでしょう。反対に、通りの掃除を分担したり、お年寄りや子どもをまちで見守ったり、一人ひとりの助け合いの意志に基づいて一定の集団としてまとまるとき、共に暮らす価値が高まります。こうしたムーブメントが、まちづくりそのものなのです。つまり、まちづくりとは、主役である市民たちが一定規模のまとまった集団（私たち）となって、自分たちが暮らし関わるまちの将来を自ら考え、行動するムーブメントといえます[2]。まちづくりが「民主主義の学校」と言われるゆえんは、ここにあります。

　「私たち」の範囲が広がれば、諸問題を解決する最も大きな原動力であるまちの当事者が増え、次第に「公共性」を帯びていき、まちを保全・改善、さらには創造することを総体として行うことができるようになっていきます。ここまで示してきたように、「まちづくり」は当事者である市民の主体性に依拠する営みであることから、本質的にはボランタリーな側面が強いわけですが、昨今では、ビジネス手法も用いられています[2]。

3 協働によるまちの地域公共圏

　やまとことばのやわらかさとは裏腹に、まちづくりという言葉の意味は曖昧で、それゆえ多様に解釈されてきました。かつては都市計画やそれに関わる道路や公園などをつくることがまちづくりと言われていました。次第にまちおこしやイベント、地域活性化などもまちづくりと呼ばれるようになっていきました。住まい周辺の保全・改善といったものから、商店街の振興、高齢者や子どもたちの居場所づくり、〈花いっぱい運動〉や観光など、様々です[2]。

　例えば、市民がまちの公園づくりを担いたいとします。公園は都市計画法で定められた都市施設ですので、その管理・運営

には必ず行政と「協働」する必要があります。また、商店街を盛り上げようと考えれば、商店街の各店舗、つまり企業と「協働」する必要があります。「協働」とは、役割分担してプロジェクトなどを動かすパートナーシップを意味します。つまり、市民たちがまちづくりを展開していこうとすると、市民だけでなく、必ず行政や企業と連携する必要が出てくるのです。

さらに、昨今、公共＝行政（政府）という従来の枠組みにとらわれず、市民・行政・企業の連携によって〈新しい公共（地域公共圏）〉（2章、p.45）（図1）を形成し広げていく取り組みを、総称して「まちづくり」と捉えるようになってきています[4]。

市民・行政・企業が力を合わせ「公共の福祉」のためにまちづくりを進めるには、土地利用などにおいて個人の私権を抑制することが求められる場合もあります。このことはよく理解しておく必要があるでしょう。いずれにせよ、多様な主体（私たち）が多様なテーマを掲げて、様々に連携・協働し、まちの中で絶えず活動が持続する状態をつくり上げていくことが、まちづくりなのです。よく、「まちづくりにゴールはない」と言われるゆえんです[1]。

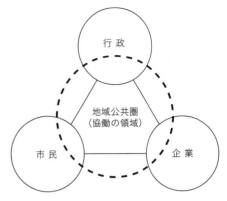

図1　地域公共圏

4　まちづくりの定義

ここ数十年、まちづくりは多様な実践の中で様々に議論が積み重ねられ、その概念は発展し続けています。そのため、今日においても一般的に固定した定義があるわけではありません[5]。

日本建築学会（2004）において佐藤滋（1949-）は、まちづくりの定義を「地域社会に存在する資源を基礎として、多様な主体が連携・協力して、身近な居住環境を漸進的に改善し、まちの活力と魅力を高め「生活の質の向上」を実現するための一連の持続的な活動」[1]としています。本書でも特筆しない限りは、この定義に基づくものとします。

まちづくりと都市計画の違い

0 だれがどうまちをつくるのか?

まちづくりとよく似た分野に都市計画があります。そもそもまちづくりは都市計画から派生してきた言葉であると言っても過言ではありません。それでは、それぞれにはどのような違いがあるのでしょうか?

都市計画は行政が主体となり、トップダウンで運用される仕組みです。これに対し、1960〜1970年代に生まれた「住民自治」という概念を踏まえて、ボトムアップの市民参加を前提とした「まちづくり」という言葉が普及しました。それぞれの違いをもう少し詳しく見ていきましょう。

1 行政が行う都市計画

都市計画は、行政の仕事です。彼らが策定した計画内容を住民に伝え、実行への協力を要請します。都市計画が対象とするのは、土地利用や都市施設、市街地開発といった、主に物理的環境の改善に関することです[5]。

また、都市計画は法治のルールです。各個人の平等や公平が法の下で重視されます。したがって、ルールは明文化され、基準は定量化され、適用は画一的である必要があります。恣意的であるとみなされることを避ける必要があるのです。また、合意形成や手続きの公正さも強く求められます。

2 市民が行うまちづくり

一方で、まちづくりは市民が発意して動きだすボトムアップのムーブメントです。定量化された基準などよりも、まちづくりでは、共有され達成されるべき目標や将来像を重視します。まちづくりは、都市計画から派生した概念であることから、物理的な環境を整備する行為も多いですが、今日では、健康・福祉・

教育・コミュニティ形成など、人々の生活に関わる広範な領域も対象になっています。領域が横断的になった分、まちの中の様々な分野をヨコツナギしていくことも重要になってきました。そのためにも、多様な人々を巻き込んで「私たち」自体をも、つくり直し続けていく必要が増しています[2]。

3　補完関係にあるまちづくりと都市計画

ここまで説明してきたとおり、ボトムアップなまちづくりとトップダウンな都市計画と表現すると、一見対立関係にあるように思えますが、必ずしもそうではありません。ヨコツナギのアプローチでじわじわ拡張していく市民によるまちづくりと、タテワリのアプローチで専門的に物事を進めようとする都市計画は、互いに補完関係になりえます（図2）。例えば、地域の防災を例に考えてみます。災害に備えた対策を検討するため、まずは〈まちづくり協議会〉（2章、p.49）を発足し、市民と行政が話し合います。市民は消防訓練など防災活動を、行政は〈地区計画〉（3章、p.99）などを取り決め、道路や公園などを整備し、共にまちの防災力を高めていきます。このように、どちらが欠けても防災は成し遂げられません。両者が違うアプローチから協働して、まちの環境の保全や改善といった同じ方向に向かっていくことに意味があるのです[2]。

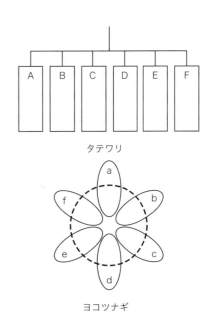

タテワリ

ヨコツナギ

図2　タテワリとヨコツナギ

参考文献

1. 日本建築学会編『まちづくり教科書第 1 巻　まちづくりの方法』丸善、2004、pp.2-11
2. 西村幸夫編『まちづくり学 アイディアから実現までのプロセス』朝倉書店、2007、pp.1-11
3. 伊藤雅春ほか『都市計画とまちづくりがわかる本』彰国社、2011
4. 小泉秀樹編『コミュニティデザイン学 その仕組みづくりから考える』東京大学出版会、2016
5. 内海麻利『まちづくり条例の実態と理論』第一法規、2010
6. 三舩康道＋まちづくりコラボレーション『まちづくりキーワード事典』学芸出版社、2009
7. 佐谷和江ほか『市民のためのまちづくりガイド』学芸出版社、2000、p.6
8. 日本建築学会編『まちづくりデザインのプロセス』丸善、2004、p.2
9. 似田貝香門ほか『まちづくり百科事典』丸善、2008、p.xxiii

1章

私から始める まちづくり

―― 個人と社会潮流 ――

まちづくりが必要なわけ

0 まちを見渡してみる

　まちづくりは、この本を読む「あなた」がまちを楽しむことから始まります。「まち」というと捉えどころのない言葉に聞こえますが、基本的には、目の前の大切な人やものを自分なりに守り育てていくという小さな日常世界の集積です。他者を含む大きな社会を考えるものだとも思いがちですが、実は自分が住みたいまち、関わりたいコミュニティをどう現実のものにするか、という主体性が不可欠です。

　もちろん、ひとりで創造できるものではありません。同じ思いをもつ人々が集まり、知り合い、話し合い、そして自ら手入れするプロセス自体が「まち」をまちたらしめます。また、この活動こそがまちづくりです。

　しかしながら、行動を起こすのは簡単ではありません。自分がどのような社会で生活したいのか、そのためにどんな課題を解決する必要があるのか、考える力が求められます。守りたいもの、つくりたいもの、やりたいことを見定める力も必要です。

　本節では、まちづくりの現場で起こっている変化や今求められている力について考え、またその背景である社会課題を辿っていきます。どの課題も、多かれ少なかれみなさんの日々の生活に影響しているはずです。自身の生活を振り返り、身の回りの社会を再認識するとともに、どうすればよりよいまちを創造できるのか、考えてみましょう。

1 人口減少・少子高齢化を乗り越える

　日本は、65歳以上の高齢者が人口の29%（2020年時点）と世界で最も高い比率であることから、超高齢社会といわれます。高齢化は人口が最も多かった2007年に本格的に始まり、2040年には36.1%に達すると見込まれています。1945年の第二次世界大戦終結後、1949年の第一次ベビーブーム、1973年の第二次ベビーブームと、人口増加は戦後の高度経済成長を支えて

きましたが、同時に地方から都市部への人口流出を加速させました。都市部では人口過密による住宅問題や環境問題、反対に地方では人口減少による過疎化が深刻になります[1]。

1991年には「限界集落」という言葉が登場しました。住民の過半数が65歳以上の高齢者となり、集落として社会的共同生活を維持するのが困難な集落を指し、2006年の国土交通省の調査では2,643の集落が存続の危機にさらされていることがわかりました。こうした地域は長い歴史をもち、地域の資源や原風景と呼ばれる景色を保ってきました（図1）。しかし産業構造が変わるにつれて、この地で生計を立てるのが難しくなり、集落から人が離れてしまいます。まちも自然も、人間が丁寧に手入れをすることで共存のバランスを保つことができますが、そのバランスが崩れてきています。

危惧すべきは、この人口移動が人口減少を加速させる点です。進学や就職をきっかけに都市部へと人が流れ、移り住んだ先で家庭を築き子どもを産み育てる、というケースは少なくありません。ところが、都市部は生活コストや教育費が高いうえに、親が遠方に住んでいるとなると、育児などのサポートも限界があります。特に共働き世帯は、近隣付き合いが希薄になりがちで、住民同士で助け合う関係性を築きにくいため、子育てで孤立してしまいがちです。こうした都市部での子育て世代の孤立は、家庭をもちたいという若者自体を減少させ、都市部の超低出生率を招いています。こうした一連の流れは「人口のブラックホール現象」（図2）と呼ばれ、近年警鐘が鳴らされています[2]。地方から若者が減り、都市部では子どもが減る。日本全体で、加速度的に人口減少が進んでいる理由です。

こうした超高齢社会の日本で、宅食や入浴などの介護サポートやデイケアといった多様な高齢者向けサービス、子育て支援や教育関連のサービス、交通機関の見直しといった社会の再編成が必要になり、その舞台としていかに地域をデザインするのかが大きな課題となっています。地域に求められるのは、多世代が交流し、高齢者が活躍できる場や互いに支えあって負担を軽減できる仕組みをつくることです。そしてこの過程は、高齢者自身の新たな「生き甲斐」づくりになると見直されています[3,4]。地方においては人口流出に歯止めをかけつつ移住者を増やすことも大きな課題です。そのためにも、まずは地域外からの訪問者を増やそうと、エコツーリズムやグリーンツーリズム、都市と農村の交流を目的とした体験会や研修（図3、4）、地域が主体となったインターンシップ（図5）などの機会づくりの活動も広まっています。

図1　限界集落に広がる原風景（石川県能登町）

人口移動（若年層中心）

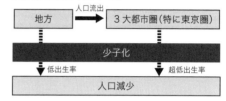
図2　人口のブラックホール現象
（増田寛也、文献2より引用）

図3　子どもの農業体験
（提供：ひたち農業探検少年団（日立市教育委員会））

図4　若者も農業体験（茨城県日立市中里）

図5　自治体主体のインターンシップ
（福井県若狭町「若女将インターン」（2016））

2 無縁や孤立に向き合う社会的処方

　超高齢社会のなかで最も深刻な問題のひとつが、〈無縁社会〉の形成です。地縁や血縁というつながりが希薄化し、孤独な人々が増加し続けています。2010年には孤独に亡くなり引き取り手もないという独居老人の「無縁死」が、年に3万2000人に至るという衝撃的な数字が注目を集めました。62%は男性であり、そのうち30.4%と最も多くを占めるのは70代の男性です。また2009年に行われた調査では、住んでいる地域の将来に不安を感じている人の割合は63%であり、その理由として人口減少、高齢化、経済・雇用状況の悪化が挙げられました。高齢者の約30%は「つながりがない」と感じているという報告もあり、その多くは都心部のマンションをはじめ比較的人口密度が高い地域に住んでいます。日本は、こうした社会的孤立の割合が15.3%と世界で最も高い割合となっています[5,6]。

　社会的孤立に対して、イギリスでは1980年代から〈社会的処方〉という取り組みが始まりました。医療機関を受診する患者の約2〜3割は、ウイルスや病原体などの外部的な要因ではなく、雇用不安やストレスなどの社会的問題が病気の原因である、という調査結果に注目し始まった医療現場の試みです[7]。医学的処方に加えて、治療の一環として患者に地域の交流会やボランティア活動などを紹介し、参加を促しサポートします。継続した地域活動への参加は孤独感を緩和し、症状の改善や予防につながることが評価されています。

　日本において、隣近所の支え合いや地域の交流活動は長く存在してきました。しかし都市化が進み暮らしが便利になる一方で、同じ地域に住む人と人とのつながりは薄れてしまいました。人生100年時代といわれる今日、血縁や地縁といった強いつながりに限らず、弱くとも長く、かつ複数のつながりを日常においていかにつくるかが重要といえます。

3 都市のスポンジ化を逆手に取ったストック活用

シャッター通りや空き家といった、まちの衰退を象徴する光景は、今や地方に限ったものではありません（図6、7）。まちから人がいなくなる「空洞化」は、重層的な要因で引き起こされます。高度経済成長期以降につくられた〈郊外ニュータウン〉などの住宅地においても、開発から長い年月が経ち、入居者の高齢化を迎えています。バブル経済崩壊で都心の地価が下がった1990年以降は、郊外から都心部への人口移動がさらに増加しました。2000年代以降はこの傾向がますます深刻になっています。まちの大きさ自体はほとんど変わらずとも、その内部に小さな孔があいていくこうした動きを、中身が空洞だらけのスポンジに例えて、〈都市のスポンジ化〉[9]と呼んでいます。

一方、進むスポンジ化を食い止めようと、空きストックに複合的な用途を組み合わせ、豊かな空間に創造していく試みがみられるようになりました。商店街の空き店舗や、空き家や廃校の利活用などで地域の実情にあわせた細やかな改変が進められています（図8〜10）。今後は、点在するこれらの活動をまちとしてどうつないでいくか、地域経済や社会における持続性をいかに獲得するかが課題となるでしょう。

図6　シャッター通り（岐阜県岐阜市）（提供：嵩和雄）

図7　都心部の空き家（沖縄県那覇市）（提供：嵩和雄）

図8　古民家を活用したアート教室
（神奈川県茅ヶ崎市）

図9　アート教室内（神奈川県茅ヶ崎市）

図10　元木造校舎に滞在・活動するアーティストインレジデンス（AIR）
（福島県西会津町 西会津国際芸術村）

図11　AIR施設内の掲示板
（福島県西会津町 西会津国際芸術村）

4　下流化を予防する新たなコミュニティ像

　都市への一極集中が進み、高齢化や無縁化が進んだ社会では、地方および都市のどちらにおいても生きづらいものでしょう。このような社会が進む先に懸念されているのが、階層格差の拡大です。所得格差が広がるだけでなく、次世代の学力格差、ひいては「希望格差」の拡大を招いてしまうからです。希望格差とは、自分の将来に期待がもてず、コミュニケーション能力、生活能力、働く意欲、学ぶ意欲、消費意欲、つまり総じて人生への意欲が低下してしまう状況を指します。こうした動きから生まれた言葉に「下流化」があります[10]。

　これまで「下流化」に陥りやすいのは、多くの場合高齢者といわれてきました。病気や事故、独り立ちしない子ども、熟年離婚、認知症などがその原因です。しかしながら近年では、若者にも同様の意欲低下が懸念されています。SNS（ソーシャル・ネットワーキング・サービス）の流行によるコミュニケーションの分断、雇用の不安定化、さらに震災や新型コロナウィルスなどの大規模災害が重なり、若者は未来に不安を感じざるをえません。特に都心部は、所得の多い少ないに限らず、こうした不寛容が連鎖し、〈無縁社会〉に陥ってしまう傾向が強いといわれます。

　1990年以降は、なんとか住民の力をつなぎとめようと、あらゆる政策が打たれるようになりました。行政に依存する社会構造や格差社会を打開し、あらゆる階層の住民に、公共サービスの新たな担い手として参画してもらうためです[11]。しかしながら、今日の町内会や自治会といった住民組織の形骸化など、従来の基礎組織は崩れ始めています。新たな担い手の創出と育成は、どんな地域でも切実な課題です[12]（図12）。そして、未来を担う若者のみなさんが参画したくなるような仕掛けをつくるためには、非営利組織や民間企業という「民」の参加が欠かせません。官民の双方で力を合わせてつくる、社会の「下流化」を防ぐ砦としての民主主義が、より一層必要とされる時代かもしれません。

図12　日常的な寄り合いの様子（石川県能登町）

5 自助・共助の拡大

　社会の変容とともに、まちにおける公・共・私の役割分担も大きく変化してきました。産業化以前のまちづくりは、家計や地縁・血縁関係で強固に結びついたコミュニティが「私」「共」の大部分を担うとともに、政府と市場性の高い経済活動（民間企業）で「公」を担ってきました。例えば、自治会の溝さらいや、街路樹の落ち葉集めなどは、頼まれなくても分担して手入れし合うのが地域の慣習でした。しかし、都市部への人口移動や家族形態の変化、個人主義の広がりはコミュニティを弱体化させ、あらゆる維持管理やサービスの提供が、行政と民間企業に重くのしかかります。1990年代以降ますます盛んになる規制緩和や自由化は、ひっ迫した財政事情をなんとか民間活力で賄いたいという思惑がありました。こうした行政による公助の縮小と同時に強調されたのが、自助努力です。しかし、場当たり的な引き合いは、結果的に格差の拡大と不安の増大を招いたと批評されています。

　今日では、地域住民と行政が協働する領域として、NPO組織なども加えた「共助」が強調されています。共助によって、画一的ではなく、個性豊かで活力に満ちた地域社会を創出する〈新しい公共（地域公共圏）〉の必要性が注目を集めているのです[13・14・15]。公助、自助、共助、それぞれの役割を発揮し連携し合うことで、一人ひとりがアクションを起こしたりつながりを生むような意欲をもてるかが、大きな課題といえるでしょう（2章、p.45）。

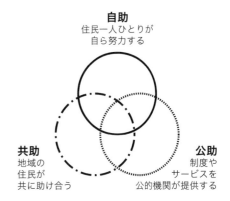

自助
住民一人ひとりが
自ら努力する

共助
地域の
住民が
共に助け合う

公助
制度や
サービスを
公的機関が提供する

図13　自助・共助・公助

CHAPTER 1

2 | まちの課題

0 まちの特徴を評価して変化を方向づける

　社会の課題は、私たちのまちという「舞台」のなかに、様々なかたちで影響を及ぼしています。まちは政治、経済、社会の動きを受けて常に変化しており、「演者」によって生じる課題も異なります。それを見極め、課題を解決するためにどんなシナリオを見出すかが、まちづくりの重要な鍵になります。

　この章では、都市から地方まで、多様な地域の成り立ちや形態について紹介します。それぞれにどのような特徴をもち、問題が現れているのかを見ていきましょう。みなさんが知っている地域を思い浮かべて、似ている点や異なる点などを探りながら読み進めてください。

1 都心

図14　再開発が進められる渋谷副都心
（東京都渋谷区）

　都心とは、市町村、都道府県、あるいは国を代表する都市の中心部のことです。地域の政治、経済、文化が集積するため、あらゆる立場の人々が利用します。多くの場合、都心は歴史ある場所であり、近現代には再開発が繰り返されてきたエリアでもあります。現代は、高度経済成長期に建てられた建物が老朽化し、その建て替えや新たな再開発が必要な時期を迎えています（図14）。

　都心は、常に他都市の都心との競争にあるといえます。移動の自由度と利便性が高いことが求められる流動的な社会では、選ばれるまちであることが重要とされます。これまでは主にビジネス機能の集積によって多くの人が訪れていましたが、〈無縁社会〉や社会的孤立が進み、まちへの関心やつながりが薄れつつあるなか、新たな魅力を発信する必要が生じています。

　近年は商業施設、オフィスを刷新して企業を誘致し、公園や文化施設を整備することで賑わいを創出したり、オフィス街や官庁街は夜間や休日に余暇・レジャー施設として楽しめるように、単一の機能から複合的な機能をもつエリアとして変化したりと、新たな試みも生まれています[16]。社会の多様化にあわせて、様々

な立場や世代の人々が利用・交流できる場をつくることが求められているのです。

2　中心市街地

　次に、中心市街地です。都心は大きなまちの中心を指すのに対して、中心市街地は中小規模のまちの中心部を指します。かつて商店街が核となっていましたが、先述したシャッター通りのように、1980年代から徐々に、各地の商店街で活気が失われています。大きな要因のひとつに、郊外の大型ショッピングセンター開発が指摘されます。中心市街地に比べて、広大な駐車場を併設し、車で訪れることが容易な利便性が消費者に好まれたのです。また、商業施設だけでなく、市役所や文化施設が中心市街地の外へ移転する地域も多く、衰退に拍車をかけました[17]。

　衰退が進む一方で、近年は中心市街地の価値が大きく見直されています。人口減少と高齢化が進むなか、まちが無秩序に広がることを防ぎ環境面にも配慮した**コンパクトシティ**構想(p.48)が盛んに議論されるようになりました。人々が集まって居住することで小さくまとまったまちで暮らしが完結し、車を運転できない高齢者にも優しいまちといえます。

　同時に、私たちの生活スタイルや消費行動も大きく変化しています。ネットショッピングや通信販売の利用がさらに拡大する現代、中心市街地には商店街のような商業だけではなく、住民同士のコミュニケーションを生み、活性化をもたらすまちのアイデンティティとしての新たな機能や役割も求められているといえます。

図15　まちの顔となる中心市街地
(沖縄県那覇市国際通り)

▶ **コンパクトシティ**
1970年代に欧州から広がった、都市機能や生活圏を小さくまとめることで効率的で持続可能なまちを目指す取り組み。

3　密集市街地

　大きなまちの開発過程では、道路や土地利用が未整備のまま、長屋や木賃アパート、小規模な戸建て住宅の密集した市街地が形成されました。入り組んだ狭い路地や多様な空間利用など、都心周辺特有の人々の生活と工夫が溢れるエリアではありますが、防災面での課題を抱えています。災害時に避難できる空間が少なく、緊急車両の進入が困難なため、災害危険度が高い地域とみなされているのです。そこで、〈土地区画整理事業〉などによって建物の不燃化を進め、災害に対応する道路や公園を確保しながら、エリア内の街区と敷地を整備することが必要だと考えられています[18]。

図16 密集市街地の路地（神奈川県横浜市中区）

一方で、整備された広い道路などによって環境が一変することにより、身体スケールの路地空間が失われ、既存のコミュニティが分断されるなど、負の影響も懸念されています。また、災害への対応については、環境の整備が唯一の解決策ではありません。災害時に必要とされる共助は、コミュニティの存在が前提となり、密集市街地ならではのコミュニティによる防災、減災の取り組みは評価されています。都市計画だけでなく、まちづくりという観点から課題を捉え、まちの方向性を示すことが大切だといえます[19]。

4　郊外住宅地

高度経済成長期に、都心に集中するサラリーマン世帯の受け皿として郊外に開発されたのが郊外住宅地、いわゆる〈ニュータウン〉です。まちの完成と同時に働き盛りの20〜30代夫婦の家族が一斉に入居したまちは、当初は若い家族が暮らすまちとして活気がありましたが、半世紀が経過した現在、世帯の多くが同時に高齢者世帯となり、ひとり暮らしの場合も少なくなく、生活面での様々な問題を抱えています。また、人だけでなく建物や道路、上下水道といったインフラ設備も老朽化し、改修コストなども深刻な問題です。住宅地では空き家が増え、団地などの集合住宅では空室が増加しています[20]。

このような問題を受けて、団地内の空き室や空き店舗を利用した高齢者の居場所づくりや、若者との交流や支え合いを促進する仕組みなどが試みられています。また、建物のリノベーションや、緑地や公園などのオープンスペースの再編、地元住民向けの交流施設の増設などを図る郊外住宅地も増えています。今まさに、既存のストックを活用したまち全体の取り組みが必要な地域といえるでしょう。

図17 再生の取り組みが展開する郊外住宅地
（神奈川県横浜市栄区）

5　農山漁村

図18 季節とともに移り変わる農山漁村の仕事
（茨城県日立市中里）

最後は、農山漁村です。近代化以降、特に高度経済成長期は、都市で必要とされる労働力の担い手として地方の若者たちが大都市へ転出しました。その影響を真っ先に受けたのが農山漁村です。集落面積の大きさに対して極端に人口が少ない状態、いわゆる過疎が生じています（図18）。集落活動の担い手が不足すると、伝統行事の継承が困難になり、空き家や空き地、耕作放棄地の発生も連鎖的に起こります。さらに、過疎はさらなる少

子化と高齢化を招き、将来にわたって人口減少が続くと予想されます[21]。

しかし近年、新たな若者の参入を中心に状況が変わりつつあります。**UIJターン**や**地域おこし協力隊**への参加を通じて、農山漁村で暮らす若者が増えているのです（図19）。その背景には、自然へのアクセスしやすさ、田舎ならではの人とのつながりへの期待といった、ライフスタイルや価値観の転換があるといえます。また近年の若者はインターネットを駆使することで、働く場所に囚われない人生設計ができることも大きく影響しています。その結果、農山漁村では地域外から新たな人々が流入し、新しい社会が築かれ、環境と経済の再生が試みられています。さらに、移住には至らなくても、地域にご縁のある人々が域外から様々なかたちで活動を支援する動きも顕著になっています[22]。

▶ **UIJ ターン**
地元（主に地方部）へ戻る（U）、都市部から地方部へ（I）、地元（主に地方部）の近くへ移住（J）、という地方への人の流れに注目した動きの総称。

▶ **地域おこし協力隊**
人口減少や高齢化が著しい地域に一定期間移住し、地域協力活動を行いながら、地域への定住・定着を図る制度。

図 19　元地域おこし協力隊が活躍する地域
（茨城県日立市中里）

CHAPTER 1

3 ｜ 求められる
これからの担い手像

0 まちの未来をつくる

　本節では、課題が山積するまちの現場で、どんなまちづくり人材が求められているのかを紹介します。まちづくりの主役は、政治家でもデベロッパーでもなく、市民である「あなた」であり、私たちだという冒頭の議論を思い出してください。まちづくりは同じ思いをもつ人々が集まり、知り合い、話し合い、そして自ら手入れするプロセスだと述べました。では具体的にはどのように行動を起こせるのでしょうか。みなさん自身の経験や、身の回りの大人の行動を思い出しながら読み進めてください。

1 社会に貢献する市民：シティズンシップ

　まちが抱える課題を解決するために、意欲をもって改善に取り組める能力を表す言葉に、「シティズンシップ（citizenship）」

図20　地域の特産品を販売する地元高校生
（奄美大島名瀬の商店街）

（6章、p.163）があります。「多様な価値観や文化で構成される社会において、個人が自己を守り、自己実現を図るとともに、よりよい社会の実現に寄与するという目的のために、社会の意思決定や運営の過程において、個人としての権利と義務を行使し、多様な関係者と積極的に関わろうとする資質」と定義されています[23]。最も簡潔に言い換えるならば、「市民力」でしょう。個人がコミュニティに参加し、関わりそのものにアイデンティティを見出す力のことです。まちづくり活動には、自分ごととして参画する本人のモチベーションが欠かせないことを表す言葉です[24]。

　シティズンシップは、1980年代の欧米諸国で生まれた考え方です。福祉国家的な政策が、与える・与えられるといった依存関係を助長するのではという批判とともに登場しました。〈社会的包摂（Social Inclusion）〉としての平等を浸透させるべく、市民自らの発意を尊重すること、または公共空間の創造や運営に参加する権利を保障しています。さらにイギリスでは「社会的道徳的責任」「コミュニティへの関与」「政治的リテラシー」の3つを基礎とするシティズンシップ教育も進められています。多面的・多角的に考え、異なる立場に立って理解し、自ら判断できる問題解決力が重要とされています。

　日本では、経済産業省が2006年にシティズンシップ教育宣言を出し、都市部の公立学校において「市民科」が設置されるなどの試みがなされてきました。今後は、教育面に限らず、さらに地域と連携した実践的なロールモデルづくりが求められています（図20）。

2　社会に貢献する専門家：プロボノ・パブリコ

　〈プロボノ・パブリコ〉とは、ラテン語の「Pro bono publico」（公共のために）を語源としており、「社会的・公共的な目的のために、職業上のスキルや専門知識を活かしたボランティア活動」を意味します（省略して「プロボノ」とも呼ばれます）。仕事でも専門家としての使命感でもなく、個人の関心に基づく自己実現に主眼がある点が特徴です。ボランティア活動の一形態として見なされがちですが、仕事を続けながら自身のスキルやノウハウを提供する点から、参加のハードルも低く、継続しやすいというメリットが注目を集めています[25]。

　〈プロボノ〉としての社会貢献は、1980年代にアメリカの弁護士が始めたものです。2000年代には弁護士や税理士、会計士、経営コンサルト、IT、マーケティング、広告、建築など幅広い

分野で取り組まれるようになっています。活動を通して本業スキルの向上や人的ネットワークの創出も期待され、〈プロボノ〉を強く社員に推奨する企業も出てきています。

　日本で認識されるようになったのは、2010年代からです。「日本のプロボノ元年」と呼ばれた2010年は、弁護士、IT、経理、広報、デザインなどの業界で、社会貢献活動の1つとして知られるようになってきました。

　近年〈プロボノ〉の活動は、自分の住んでいる地域に限らず、都市で働きながらも地方の地域を支援する「ふるさとプロボノ」へと展開しています。市場分析に基づくマーケティング戦略づくりや、広告媒体の作成、事務業務のIT化など、一時的・一方的な支援にとどまらず、相互理解のもとで実質的な課題解決のサポートを通して、都市と地方の新しい関係性づくりを担っていくことが期待されます[26]。

3　ITを駆使する市民：シビックテック

　まちの課題を解決するために、市民が情報技術を活用する取り組みに対して、Civic（市民）とTech（テクノロジー）を掛け合わせた「シビックテック」という言葉が使われるようになりました。2009年にアメリカのNPOから始まった取り組みですが、日本のまちで展開されるようになったのは2013年ごろです。自治体の窓口業務のIT化やクラウド化、コミュニティバスのリアルタイムな走行位置情報の提供など、まちの課題を情報技術で克服し、効果的なサービスを展開しようとするものです。

　留意すべきは、テクノロジーの利便性に着目するだけでなく、いかに公共的なまちをつくれるかという点です。例えば、高齢者や障がい者、普段仕事で忙しく地域に関心をもてない人々が、身体的・立場的な制約に囚われず平等かつ容易に情報提供と参加機会が与えられるという公平性は、最も重視されるべき導入効果でしょう。また、運営体制や収支報告など様々な情報にだれでもアクセスできる透明性と信頼性を高める点も期待されます。

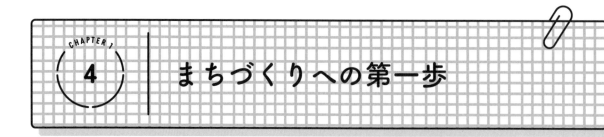

CHAPTER 1
4 | まちづくりへの第一歩

0 私たちの可能性

前述のとおり、まちは時代とともに大きく変化しています。高度経済成長期は、商業施設、鉄道、道路、高層ビル、といったハードのインフラ整備がまちをリードしてきました。1968年、まさに高度経済成長期の只中に制定された都市計画法は、法と制度でいかに開発をコントロールし、市街化を適正に拡大させていくかに主眼が置かれていました。都市工学や建築学の分野が中心となり、理論や分析に基づいて都市開発の制度や設計技術が確立・展開されてきたのです。

しかし、一定水準のインフラや都市施設の整備が達成され、成熟社会を迎えると、都市は新たな課題に直面します。少子高齢化に始まり、無縁化や地域の空洞化、大規模災害など、技術的なスキルや既存の理論だけでは解けない難題が急増していることは、これまで述べてきたとおりです。

ここで注目したいのが、若い世代の間で高まりを見せている、社会貢献に対する意識です。様々な主体が関わり合うまちにおいて、SNSなどの情報ツールで幅広い知識を活用・共有し、グローバルな視点でアイデアとアクションを生む人材として、若者はなによりの希望です。

今こうした若者が、日本はもちろん、海外においても活動の場を広げています。海外で活躍する人材には2つの共通点があります。1つは自分が育った地域、ひいては国の現状と課題について議論できる視点をもっていること。もう1つは、文化や価値観が全く異なる相手とも臆せずコミュニケーションを図る勇気と柔軟性をもちあわせていることです。これからのまちづくりは、これまで以上に世界に学ぶ姿勢が求められます。そしてみなさんの多様なコミュニケーションスキルは、可能性を広げる大きな礎となるでしょう。

さてここからは、みなさん自身とそのまちに視点を移します。あなたが育った環境、住んでいるまちには、どのような特徴があるでしょうか。そしてあなたは地域にどんな印象をもち、なぜそう感じるのかを考えてみてください。まちを考えることは、

図21 まちなみを活用した観光地（台湾・十份）

図22 地域コミュニティでの住民会議（タイ・バンコク）

自分自身がどんな人物で、日常の生活に何を望み、どんな考えや視点をもって暮らしているのかを改めて知ることでもあります。これまでは、漠然とした生活の背景でしかなかったかもしれません。この節を読み終えたら、思わぬ物語や可能性が浮かび上がり、まちが色づいて見えてくるはずです。

1 慣れ親しんだ風景を掘り起こしてみる

　昔ながらの原風景や祭りの光景、初めて訪れた路地や河原になんだか強く共感する、なぜか懐かしい感覚におそわれる、というような経験はありませんか。両親も都会生まれ都会育ち、親族のルーツとしてもいわゆる「自分の田舎」をもたない人は今や珍しくありません。地域特有のお祭りなども、担い手不足によりその存在自体が減少しています。それにもかかわらず、場に対して「なんだか共感する」という感覚は存在します。友達から聞いた思い出やテレビの映像、もしくは大好きなアニメや映画などが影響している可能性も大いにありそうです。なぜ人が"ある風景"に共感するのか、原因として特定できる科学的に証明された答えは見つかっていません。そもそも、好きという感情に理由はなくても良いのかもしれません。何がその感覚をつくっているのか、それは自分自身に問い続けるしかないようです。

　余談ですが、心理学的検証に基づくデータによると、私たちが日常で行う判断や評価のうち、自分でコントロールしている顕在意識はたった5〜10％程度で、残り90〜95％の大部分は、無意識の判断（潜在意識）が占めるそうです[27]。だからこそ、まずは自身の感覚に着目することが大切です。

　近年は働き方や生き方の多様化が進み、様々な個性が認められるようになりました。「女性だからおしとやかでなくてはいけない」「最近の若者は長続きしない」「日本人は集団主義的だ」などと、一方的に型にはめ、事実と因果関係を無視した印象や偏見はどんどん取り払っていきましょう。固定観念を捨てて、世の中をフラットに見つめる力は、自分自身をよく見て・理解する力にもつながります。

2 これまでの活動を思い出してみる

　本書を手にするのは、社会での実務経験や家庭をもった経験がない10〜20代が多いと思います。自分がまちと関わってい

図23　地域のお祭り（神奈川県横須賀市）

図24　地域のスポーツクラブも、多くの大人に支えられている

るという意識はまだ薄いかもしれません。自分とまちの接点を探すきっかけとして、まずは小学校や中学校での取り組みを思い出してみましょう。社会科の授業で、地域の文化施設や生産者の方々を訪問し学んだ機会はありませんでしたか。さらに近年は、「地域の学校」「地域で育てる学校」として、高齢者福祉施設と複合施設化した学校が建設されたり、校舎と公園を一体的に整備し防災まちづくりが進められたりと、地域学習も広く普及しています[28・29]。そうした学び舎で育ったことがある人は、日常にどんな出来事があったか、思い出してみましょう。

　また、町内会・自治会が主催するお祭りなどのイベント（図23）、ごみ収集所の掃除や廃品回収などの環境活動、またはスポーツクラブや文化教育などの習い事を振り返ってみるのもよいでしょう。そのどれもが、活動場所の確保、運営、指導者の協力など、地域の理解と協力なくして成しえない活動なのです（図24）。

　さて、ここでより具体的に思い出すために、みなさんの学校の校歌を分析するワークで、地元を掘り下げてみましょう（p.32、ワークシート①）。地域の歴史や文化が美しく描写され、そこで育つ子どもたちへの思いが歌詞に込められていることに気づくはずです。自分の好きだったフレーズ、メロディはどこでしょう。もしくは、なんだか気に入らないなと思っていた箇所はどこでしょう。そして、それがなぜであったか、当時のことを思い出してみてください。

　次のワークでは、友達とよく遊んだ公園やたまり場、駅前広場など好きだった空間を思い出してみましょう（p.34、ワークシート②）。そこにはどんな椅子があり、どんな木が植わっていましたか？草木の世話や掃除はだれがしていて、利用者の決まりごとはありましたか？改めて振り返ってみると、維持管理が行き届いた空間であったことに気づかされるでしょう。そこで自分が何をしていたのか、どんな空間が好きだったのか、思い出してみましょう。こうして意識をタイムスリップさせ、客観的に描き見つめ直すことを「環境的自伝」といいます。

3　自分とまちの将来を考えてみる

　続いて、これから待ち受けているであろうライフステージを想像し、書き出してみましょう（p.36、ワークシート③）。社会で確実に歳を重ねていくうえで、個人的なライフイベントだけではなく、それぞれのステージで、どこで、だれと、どのように関わりうるのかをイメージすることは、みなさんとまちの接点

を探るヒントになります。みなさんは将来、どのような地域で、どのような家庭や地域関係を築きたいでしょうか。近年の研究で、地域とのつながりは、幼少期の自己肯定感の醸成や学ぶ意欲、将来展望に相関関係をもつこともわかってきました[30]（図25）。近所の小さな子どもの面倒を見てあげたり、お年寄りのお手伝いをして褒められたりといった子どもの頃からの人間関係が、「自分は役立っている」「だれかに必要とされている」という感覚を醸成し、自己成長をもたらします。近年はVUCA、すなわちVolatility（変動性）、Uncertainty（不確実性）、Complexity（複雑性）、Ambiguity（曖昧性）の時代といわれます。まちはおろか自分の将来を見定めることは容易ではありません。だからこそ長期的な想像力を働かせて将来を見通す意志は、これからの時代を生きる私たちに最も必要なものかもしれません。

　次章からは、まちづくりの基本的なプロセスとモデルを学んでいきます。みなさんがまちづくりに関わっていくうえで、「どのような関係者」がいて「どのような素材と空間」があるのか、まちの基盤も理解していきましょう。この本をロールプレイングゲーム（RPG）に例えるなら、主人公はあなたです。仲間を探してチームをつくり、必要なアイテムをゲットしてレベルアップしながら、まちづくりという冒険の旅を進めていってください。始めの一歩を踏み出したみなさんの、良い旅を願っています。

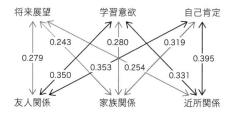

図25　子どものつながりと意欲の相関関係（筧裕介、文献30より引用）
（1.0であると100％のつながり、0であると完全に無関係を意味する）

1章 ワークシート①

校歌から育った地域を振り返ってみよう

[→ p.30]

STEP1 歌詞とメロディを検索しよう。そして一度歌いましょう
（見つからなければ、市歌や県歌、または地域にまつわる曲でも OK）

STEP2 歌詞から、下表にある要素に当てはまるものを抜き出そう

STEP3 出てきた要素にまつわる、自分の思い出を書き出そう

STEP4 気になる項目について、さらに調べて追加情報を加えよう

【表】 曲の分析

	自然・景観	施設など	色	形容詞	メッセージ	1番あたりの名称の頻出度	謎・ツボワード
STEP2 要素							
STEP3 思い出は？							
STEP4 調べた追加情報							

STEP5 表に並んだキーワードなどに注目しながら、自分だけの歌の「合いの手」を考えよう

STEP6 校歌と「合いの手」をグループメンバーに教えながら、育った地域と、その頃の自分について、紹介しよう

STEP7 最後に、メンバーの前で思いっきり歌い、「合いの手」を入れてもらおう

例えば…

市立　葵小学校　校歌　（架空のものです）

♪ おおいなる海を臨み　明日の希望を育む
　原生林を背に　見守る三坂神社
　明るいまち葵　わたしたちの希望　海を越えてゆけ
　葵小学校　わが母校

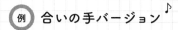 **合いの手バージョン** ♪

おおいなる海を臨み（潮風あびて）
　明日の希望を育む（身長よく伸びた）
原生林を背に（秘密基地裏山）
　見守る三坂神社（お祭りでわがまま）
明るいまち葵（人口減るけど）
　わたしたちの希望（繋いでいこう）
海を越えてゆけ（いつも眺めた海の向こう）
葵小学校（いつも心に）　わが母校（感謝とともに）

	自然・景観	施設など	色	形容詞	メッセージ	1番あたりの名称の頻出度	謎・ツボワード
STEP2 要素	海 原生林 まち	三坂神社 小学校	青 白	おおいなる 明るい	明日の希望 海を越えてゆけ	海（計2回） 希望（計2回）	母校
STEP3 思い出は？	潮風の匂い 裏山に秘密基地を作った	町内会の祭で神社に大集合 この日だけはお小遣いをもらえた	青い空と白い校舎 青が好き	いつも自然の力を感じていた 嵐の日は海や山が怖かった	英語の先生が「海を越えてゆけ」を気に入ってやたらと強調していた	海で遊ぶ子どもは限られていた 卒業記念に「希望」とみんなで木彫り制作をした	低学年の時「ぼこう」の意味がわからなかった
STEP4 調べた追加情報	昔は「白砂青松」と親しまれた海岸だった	境内の御神木は樹齢400年。海の災害から守ってくれている	校舎の外壁磨きボランティアさんがいる	海岸の砂が減っていて、沿岸の道路は嵐のたびに被害が出ている	この地域ではめずらしく古くから国際化を意識してきたらしい	海で遊ぶ子どもたちの数は減ってきている	友人も当時は分からず歌っていたらしい

環境的自伝

［→ p.30］

このワークは、少なくとも2時間を確保します。鉛筆やペン、その他好みの筆記用具を用意し、気を楽にして、次の指示に従ってください。

STEP1 リラックスできるまで、呼吸に集中しましょう。そして目を閉じ、自分の小さかった頃を思い出してください。そしてあなたにとって大切な、そして特別な場所を、頭の中で1つ描いてください。

STEP2 思い描いた空間を、自由に探検してください。細かいところにも気をつけて、観察しましょう。そこにだれがいますか。どんな匂いがしますか。どんな光がありますか。その空間全体の隅々まで明瞭なイメージをもてたら、次のステップへ進みます。

STEP3 今見えている記憶をたどって、別の空間へ移動し、また同じように探検してください。この探検を、少なくとも4つの場所で、続けてください。常にリラックスすることを忘れずに、探検を楽しみましょう。

STEP4 さて、探検は終了、目を開けてください。ここで、探検した場所すべてを思い出し、そしてふるいにかけ、最も大切な場所を2つ選んでください。そして右ページのスペースに、2つの場所それぞれのイメージを描いてください。視覚的・空間的な特質を捉えるよう努めましょう。絵で表現できないことについては、注釈を加えてください。そしてそれぞれの空間について、自分がどのように感じているかも加えてください。

STEP5 2つのスケッチと注釈をすべて書き終えたら、ひと休みして、2つの絵をじっくり眺めてみましょう。そして、そこに何か「繰り返されているテーマ」「共通する道筋」「関係する特別な出来事や人の存在」があるかどうかを考え、書き出してください。

繰り返されているテーマ	共通する道筋	関係する特別な出来事	特別な人

STEP6 最後に、問いに答えましょう。

1. あなたの心の中に、あえて1つだけ空間を挙げるとすれば、どのような空間ですか。それはなぜですか。
2. 1の質問で答えた空間は、今のあなたの生活スタイルや趣向にどのような影響を与えていますか。
3. もし、新しい空間をつくり出す場合、1の質問で答えた空間は、どのような効果や意味をもつと思いますか。それはなぜですか。

R・T・ヘスター、土肥真人『まちづくりの方法と技術』（現代企画室、1997）より、一部編集

1章 ワークシート③

まちづくりへ向かう自分設定 [→ p.30]

STEP1 まず、左枠に「今の私」を書き出します。自分の内面やとりまく外部環境はどのようなものでしょう。大切なものから必要なものまで、それぞれの項目に思いつくものを入れていきましょう。

STEP2 今の私が完成したら、ここからは想像力を膨らませて、将来住みたいと思う地域の特徴、そしてそこでの生活を思い描き、真ん中のスペースに入れていきます。

STEP3 さて、思い描いた理想をもとに、10年後の自分、30年後の自分をできるだけリアルに想像してみましょう。どんな人と、どんなところで、どんな生活をしているでしょうか。文字だけでなく、イラストなども自由に描き込んでみましょう。

STEP4 最後に、シート全体をじっくり眺めて、将来自分が大切にしていたいもの、築きたいもの、それらを守るために必要なのはどのようなまちか、考えてみましょう。

例えば…

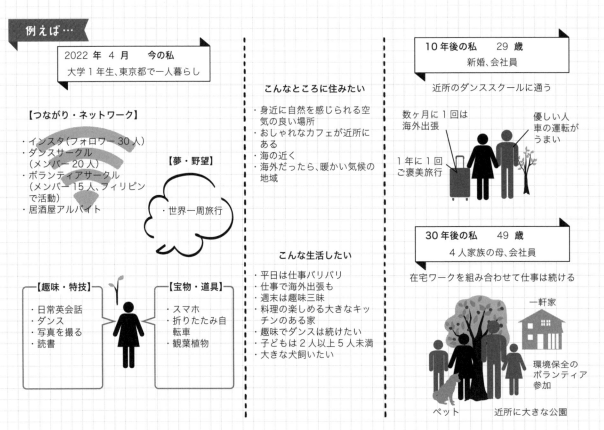

2022 年 4 月　今の私
大学 1 年生、東京都で一人暮らし

【つながり・ネットワーク】
・インスタ（フォロワー 30 人）
・ダンスサークル（メンバー 20 人）
・ボランティアサークル（メンバー 15 人、フィリピンで活動）
・居酒屋アルバイト

【夢・野望】
・世界一周旅行

【趣味・特技】
・日常英会話
・ダンス
・写真を撮る
・読書

【宝物・道具】
・スマホ
・折りたたみ自転車
・観葉植物

こんなところに住みたい
・身近に自然を感じられる空気の良い場所
・おしゃれなカフェが近所にある
・海の近く
・海外だったら、暖かい気候の地域

こんな生活したい
・平日は仕事バリバリ
・仕事で海外出張も
・週末は趣味三昧
・料理の楽しめる大きなキッチンのある家
・趣味でダンスは続けたい
・子どもは 2 人以上 5 人未満
・大きな犬飼いたい

10 年後の私　29 歳
新婚、会社員

近所のダンススクールに通う

数ヶ月に 1 回は海外出張

1 年に 1 回ご褒美旅行

優しい人 車の運転がうまい

30 年後の私　49 歳
4 人家族の母、会社員

在宅ワークを組み合わせて仕事は続ける

一軒家

環境保全のボランティア参加

ペット

近所に大きな公園

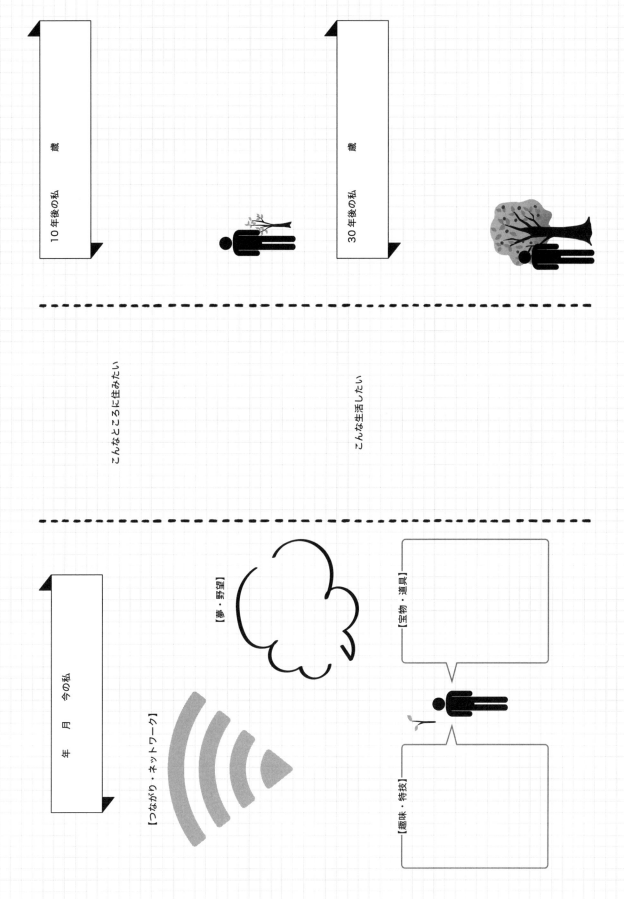

10年後の私　　歳

30年後の私　　歳

こんなところに住みたい

こんな生活したい

年　　月　　今の私

[つながり・ネットワーク]

[夢・野望]

[宝物・道具]

[趣味・特技]

参考文献

1. 伊藤雅春『都市計画とまちづくりがわかる本』彰国社、2011、pp.144-145
2. 増田寛也『地方消滅』中央公論新社、2014、pp.21-22
3. 小泉秀樹編『コミュニティデザイン学』東京大学出版会、2016、p.1
4. 日本都市計画学会関西支部新しい都市計画教程研究会編『都市・まちづくり学入門』学芸出版社、2011、pp.143-144
5. 中田実・山崎丈夫『地域コミュニティ最前線』自治体研究社、2010、pp.1-3
6. 吉原直樹編『都市のリアル』有斐閣、2013、p.138
7. 西智弘編『社会的処方』学芸出版社、2020、p.18、pp.25-26
8. 中村良平『まちづくり構造改革』日本加除出版、2015
9. 饗庭伸『都市をたたむ』花伝社、2015、p.99、104、180
10. 三浦展『下流社会』光文社、2005、p.4、7
11. 羽貝正美『自治と参加・協働』学芸出版社、2007、p.17
12. 中田実・山崎丈夫『地域コミュニティ最前線』自治体研究社、2010、pp.160-161
13. 松村暢彦「まちづくりを担う市民」日本都市計画学会関西支部新しい都市計画教程研究会編『都市・まちづくり学入門』学芸出版社、2011、pp.142-143
14. 石原武政・西村幸夫『まちづくりを学ぶ』有斐閣、2013、pp.228-229
15. 吉原直樹編『都市のリアル』有斐閣、2013、p.138
16. 小林重敬ほか『最新エリアマネジメント 街を運営する民間組織と活動財源』学芸出版社、2015、pp.10-17
17. 日本建築学会編『まちづくり教科書9 中心市街地活性化とまちづくり会社』丸善、2005、pp.2-6
18. 国土交通省HP・防災街区整備事業　https://www.mlit.go.jp/toshi/city/sigaiti/toshi_urbanmainte_tk_000062.html（2020年8月31日閲覧）
19. 日本建築学会編『まちづくり教科書1　まちづくりの方法』丸善、2004、pp.24-26
20. 金子淳『ニュータウンの社会史』青弓社、2017、pp.13-14
21. 山下祐介『限界集落の真実 過疎の村は消えるか』筑摩書房、2012、pp.20-40
22. 山崎義人・佐久間康富編著『住み継がれる集落をつくる 交流・移住・通いで生き抜く地域』学芸出版社、2017、pp.25-38
23. 経済産業省「シチズンシップ教育と経済社会での人々の活躍についての研究会報告書」2006
24. 松村暢彦「まちづくりを担う市民」日本都市計画学会関西支部新しい都市計画教程研究会『都市・まちづくり学入門』学芸出版社、2011、pp.149-154
25. 坂井信行「まちづくりを支える専門家」日本都市計画学会関西支部新しい都市計画教程研究会『都市・まちづくり学入門』学芸出版社、2011、pp.127-140
26. 嵯峨生馬「地域は関係人口に何を求めるべきか？ 地域づくりにおける「プロボノ」の可能性」『100万人のふるさと』2020春号、ふるさと回帰支援センター、pp.10-13
27. 松尾知明『多文化共生のためのテキストブック』明石書店、2011
28. 国土交通省国土政策局「国土のグランドデザイン2050」2014
29. 文部科学省・国土交通省・厚生労働省「地域参加による学校づくりのすすめ」2000、pp.7-10
30. 筧祐介『持続可能な地域のつくり方』英治出版、2019、pp.345-347

2章

みんなと出会う

―― 参加・協働 ――

CHAPTER 2

0 | みんなと出会う前に

本章ではまちづくりを担う様々な登場人物（主体）について学びましょう。これから紹介する彼ら彼女ら、あるいは団体や組織は、まちづくりに取り組むあなたをどこかで助けてくれたり、何かを教えてくれたり、一緒に活動してくれるかもしれない「仲間」だと考えてください。逆にあなた自身がだれかを助けたり、何かを教えたりすることもあるでしょう。あなたも含め、年齢も職業も異なる人たちの存在を知ること、そして共に助け合うことが、まちづくりそのものだといっても過言ではありません。

まちづくりの主なプレイヤーとして初めに紹介するのは「2-1 市民・行政・企業」、そして地域に根差した自治会や商店街振興組合やNPOといった「2-2 まちづくりを担う主体」です。さらには、地域ぐるみで「2-3 手助けが必要な人々」へのサポートを進めること、彼ら彼女らの活躍の場を創出していくことについても視野を広げます。

多様な産業や職能を担う人たちからなる「2-4 まちづくりを下支えする主体」を巻き込んでいくことも重要です。また必要に応じて、空間づくりやコミュニティづくりを得意技とする「2-5 外部の専門家やサポーター」の力を借りることもあるかもしれません。

また、そうした多様な主体と手を取り合い、時に当事者として巻き込んでいくための「2-6 参加と連携・協働のためのキーワード」も役に立つはずです。

まずはワークシート①で、あなたの身近にいるまちづくりの仲間について考えてみてください。まちに暮らす様々な人や仕事、団体について、現実に身の回りにいる人たちを思い浮かべながらこの章を読むと、これからあなたが取り組むまちづくりのイメージがより具体的なものになるでしょう。

表ができあがったら、その次のページから、それぞれの人が所属する組織や職業について読み進めてみてください。このシートに書かれた方々は、いつかあなたがまちづくりを始める時、協力者や相談相手になってくれるかもしれません。

身近にいる仲間を探してみよう

あなたと同じ地域に住んでいる知り合いや親戚に、次の組織や職業に当てはまる人はいますか？以下の STEP1〜STEP3を記入しながら、表を埋めてみましょう。同じ人が2回以上出てきても構いません。なかなか 表が埋まらない場合は、家族にも聞いてみましょう。

STEP1 名前（ニックネームがある場合は、それでも結構です）

STEP2 性別と年齢（分からない場合はおおよそ（あるいは空欄のまま）で結構です）

STEP3 どんな人ですか（その人について知っていることを何でも挙げてみましょう）

組織や職業	1. 名前	2. 性別と年齢	3. どんな人ですか
行政（役場、役所）		□男性 □女性 　歳	
民間企業		□男性 □女性 　歳	
議会（議員）		□男性 □女性 　歳	
自治会		□男性 □女性 　歳	
商店街振興組合		□男性 □女性 　歳	
社団法人 / 財団法人		□男性 □女性 　歳	
NPO		□男性 □女性 　歳	
まちづくり会社		□男性 □女性 　歳	
まちづくり協議会 / 委員会		□男性 □女性 　歳	
社会奉仕団体		□男性 □女性 　歳	
地域おこし協力隊		□男性 □女性 　歳	
農業協同組合		□男性 □女性 　歳	
漁業協同組合		□男性 □女性 　歳	
森林組合		□男性 □女性 　歳	
商工会		□男性 □女性 　歳	
観光協会 / DMO		□男性 □女性 　歳	
社会福祉協議会		□男性 □女性 　歳	
金融機関		□男性 □女性 　歳	
投資家		□男性 □女性 　歳	
新聞社 / テレビ局 / 出版社		□男性 □女性 　歳	
まちづくりの専門家（民間企業）		□男性 □女性 　歳	
まちづくりの専門家（大学）		□男性 □女性 　歳	

1 | 市民・行政・企業

0 立場を越えて支え合う時代へ

　市民・行政・企業は、三者三様異なる立場でまちに関わってきました。しかし〈新しい公共（地域公共圏）〉（p.45）という概念が現れた今後の社会においては、三者の協働によって新しいまちづくりを構想・実践していくことが求められます。つまり、行政任せにしていた様々な公共的役割を、市民や企業が積極的に介入・援助していくコラボレーションがまちの持続可能性を考えるうえで不可欠な時代になったといえます。

1 市民（住民）

　市民がまちづくりの主役であることは、すでに序、1章にも触れた通りですが、「市民」と「住民」の違いをご存じでしょうか。
　市民（Citizen）という言葉は「近代社会を構成する自立的個人であり、民主主義社会の一員として主体的に行動する者」と説明できます。1章でも触れたとおり、さしずめ「地域社会を自分ごととして認識し、シティズンシップをもってまちづくりに参画する人間」といえるでしょう。一方、住民（Resident）は単に「その地域に住む人」、厳密には、その地域に住民票を置いているすべての人を意味します（図1）。まちづくりを進めるに当たっては、多様な考えをもつ住民が1つの地域に共に存在していることを意識しなければなりません。また、一口に「住民」といっても、性別や家族構成、職業など、置かれた環境は一人ひとり異なります。それぞれの個人にとっては、まちづくりより大事なものもたくさんあるでしょう。
　現代社会は自分の住まう地域に対する愛着や誇りが生まれにくく、ほんの20〜30年前まではごく自然に成り立っていた近隣住民同士の助け合いも、都市化や近代化を背景に衰退傾向にあります。相互扶助や地縁型のコミュニティが少しずつ失われつつある現状を乗り越えて、地域の当事者たちとどう協働するかは、今日のまちづくりにおける大きな課題です。

図1　市民と住民

2 行政（地方公共団体・第1セクター）

行政（地方公共団体）とは、広義には都道府県庁や市町村の役場、つまり税金を原資とした公の事務（公共サービス（行政サービス））を担う機関を指します。国および地方公共団体の経営による公企業、市民から信頼される公的機関という意味で「第1セクター」と呼ばれることもあります。

行政は、ゴミ収集や学校給食といったあらゆる公共サービスを民間に委託する発注者であり、都市再生整備計画事業（まちづくり交付金）に代表されるような、地域活動のための補助金制度を設ける出資者でもあります。まちづくりを進めていくうえでは極めて重要な存在であり、良好な信頼関係を築くことが大切です。

一方で、公平公正を遵守する行政への過度な依存は、時に事業や活動の制約にもなりえることには注意が必要です。最も顕著なのは営利・非営利の問題でしょう。例えばあなたが行政のサポートを受けて地域活性化のための飲食プロジェクトを実施したとしましょう。サポートを受けている以上、特定の個人の利益として見なされる「儲かる事業」にすることは多くの場合、認められません。税金の公平な使途ではないと批判の声が上がるからです。世の中には、営利事業であってこそ自律性・持続性を維持できるまちづくり事業も多く存在します。ですから、時と場合によっては、行政とは適切に距離を保ったり、儲けを公益に用いることも必要でしょう。

公的機関として多くの制約がある行政は、時に縦割りや前例踏襲といったネガティブなイメージをもたれることもありますが、近年は行政職員が個性を発揮する取り組みも増えつつあります[1]。住民と協働しながらシティプロモーションを推進したり、自治体職員同士で先進事例を学び合って庁内変革を起こしたりと、まちづくりを下支えする頼もしいパートナーでもあるのです。今後のまちづくりにおいては、「行政のキーパーソン」とのネットワークを構築し、従来の枠組みにとらわれないパートナーシップを構築することも重要になるでしょう。

3　民間企業（第2セクター）

▶ **CSR 活動**

　CSR（Corporate Social Responsibility：企業の社会的責任）に基づいた、企業による、収益を第一義としない社会貢献活動全般を指す。環境や人権の保護など、社会問題への対応を目指した取り組みが多い。

▶ **メセナ（活動）**

　メセナ（仏：mécéna）とは、企業の財的支援による芸術や文化の保護、振興の為の活動全般を指す。広義の CSR の一部としても位置づけられる。

　一般的に民間企業とは、公的機関に属さない営利機関のことで、融資や株式、自らの利益を原資とした民間サービスの担い手を指します。最近は、**社会貢献（CSR）活動**や**メセナ活動**として地域のまちづくりに参画する企業も多く、メーカーや商社など、直接的にまちに関わらない業種が市民活動やNPOなどと連携してまちづくりに取り組むケースが増えています。民間企業も地域社会における一市民であるという「企業市民性」という考えも定着してきました。

　民間企業がまちづくりに関わることは、住民の認知や企業評価の向上など、業種問わず一定の効果が見込め、同時に市民側も企業の諸支援が受けられるというメリットがあります[2]。今後のまちづくりは、環境保護や人権問題、社会的弱者の救済、文化芸術の保護など様々な観点から民間企業の参画が期待されます。

　なお、前項で紹介した第1セクター（行政）に対し、民間企業は第2セクターと呼ばれます。後ほど取り上げる〈まちづくり会社〉などの第3セクターと併せて整理すると図2のようになります。

第１セクター	第２セクター	第３セクター
国及び地方公共団体の経営による公企業 ●都道府県庁 / 市町村役場 ●公営企業（市営バス等）　等	公的機関に属さない営利を目的とした民間企業 ●一般的な企業（株式会社等） ●農協や漁協等の組合企業　等	主として、公企業と民間企業との共同出資 / 運営による企業 ●まちづくり会社 ●一部のローカル鉄道会社　等

図 2　第 1・第 2・第 3 セクター　　　　　　　　　　　　　　　※NPO 等の非営利団体を指す場合もある

4　議会（議員）

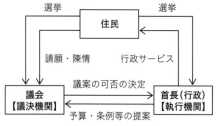

図 3　住民と議会、行政

　議会とは、住民を代表する地域の意思決定機関です。例えば公共施設の使用料の決定や改定、土木工事などの大規模な事業に関する契約の締結といった税金の使い方や、まちづくり条例の制定・廃止などは、住民からの請願や要請を受けて自治体の議員が議会で話し合い、意思決定に臨みます（図3）。

　議会では、選挙によって選出された、住民の代表である議員や行政の代表である**首長**が、条例の制定や予算の決定、まちづくりの基本計画策定などその他様々な議案を持ち寄り、その可否を決定します。

議会は制度やその運用に関与することが多く、市民活動やまちづくりの現場に議会や議員が直接介入するケースは頻繁にはありませんが、住民に直接選ばれた住民の代弁者である以上、まちづくりへの議会の関与を深めることは、住民の関与を深めることと同じです[3]。今後あなたも活動の中で、**請願や陳情**といったかたちで議会に働きかけていく場面があるかもしれません。

また原則として議会の傍聴はだれでも可能であり、会議録も公開されています。興味があれば、自分が住んでいるまちの議会録を閲覧して、議論や意思決定を追ってみましょう。

▶首長
一般的に、地方公共団体の長（市長、町長など）を指す。「しゅちょう」「くびちょう」の両方の呼称が使用されているが、慣例的に後者が用いられることが多い。

▶請願や陳情
例えば道路などインフラの老朽化に対する意見、不法投棄禁止看板の設置願い、ボランティア団体への補助金支援検討など。

5 新しい公共（地域公共圏）

〈新しい公共（地域公共圏）〉は、すでに本書でも何度か登場した重要な概念です。人口減少やそれにともなう税収減などによって行政が抱えきれなくなった業務を、自治会やPTA、商店会といった地縁のコミュニティ、企業、NPOが担う積極的な動きを示す言葉です（図4）。

単純に行政事務を分担するということではなく、地域の実情に応じた、よりきめ細やかなサービスを地域の総力で提供していく、という意味合いが強い概念です[4]。またこうした動きに伴い、地域内の様々な主体の間に立ち、ネットワークをつないだり、共に学び合う場を設定したり、相談に応じたりする「中間支援組織」の重要性も高まっています。

とりわけまちづくりの担い手の減少、地域のコミュニティの弱体化が進む**中山間地域**では、〈新しい公共〉による活動が今後の地域運営の軸と位置づけられていますが、私益と公益を両立させる適切な体制づくりや範域の設定には未だ課題も多く[5]、試行錯誤が続くでしょう。

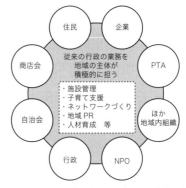

図4 新しい公共（地域公共圏）の具体的な担い手の例

▶中山間地域
農林統計上の「中間農業地域」「山間農業地域」を併せた地域を指し、基本的には非都市部の農山漁村地域が該当する。国土の約7割を占める。

6 補完性の原則（自助・共助・公助）

地域に住まう人間が豊かな生活を送るために、また何らかの生活課題を解決するためには、住民一人ひとりが自ら努力すること（自助）、住民が共に助け合うこと（共助）、法令などに基づいて生活を支える公的な制度・サービスを提供すること（公助）が必要となります。

これら3つの支援（三助）はそれぞれ規模（自助＜共助＜公助）や内容が異なるものであり、バランス良く補完し合うことが大切です。つまり、個人の権利や尊厳を尊重し、なるべく小さな単

位（自助、共助）での取り組みや意思決定を原則とし、自助や共助で対応しきれないもの、非効率なものを公助で補完する関係が適切とされます。これを補完性の原則と呼びます。

特に切実なのは防災対応など非常時の体制、福祉の制度設計などですが[6,7]、非日常のみならず日常のまちづくりにおいても重要な概念です。例えば豪雪地帯における毎日の除雪活動を住民同士の助け合いで分担する体制づくりや、地域間で実施可能な作業を交換する「労力交換」の取り組みなどが挙げられます[8]。

7 「私」から「私たち」へ（公益性と事業性）

例えばあなたが、まちづくり事業の一環で、地域特産の果物を使った土産物のプロデュースを任されたとしましょう。美味しくて素敵なものが望ましいのはもちろんですが、味や素材、パッケージのデザインにこだわりすぎて値段が跳ね上がってしまっては、結局だれも買ってくれません。果樹園農家や地域に1円もお金がまわらないどころか、開発費や製造費、在庫管理費など、出費ばかりが嵩みます。理念や哲学、審美眼といった非事業的視点に偏り過ぎた取り組みは、結果として持続性や拡張性を欠いてしまう恐れもあります。

また、まちづくりには公益性が求められます。公益性とは、特定の個人や組織への利益ではなく、地域全体に幅広く成果やサービスを行き届かせるということです。1つの果樹園から採れた果物でないと成り立たないレシピではなく、色やかたちはバラバラでもいいから3つ、4つの果樹園から原材料を仕入れられるレシピのほうが、より多くの地域住民を巻き込んだ商品開発になります。また、1つの商品の製造過程には、農家さんだけでなく物流業者や包装会社、販売店など数多くの人が関わっています。取り組みを担う人だけでなく、恩恵を受ける人も、「私」から「私たち」へと主体を拡張できないと、公益性は担保されません。

以上のようなことを考えると、「まちづくりで稼ぐ」という一定のビジネスマインドを共有しながらも、公益性も重視したプログラムを練るバランス感覚が重要です。例えば、〈まちづくり会社〉（p.49）のような組織は、そうした事業づくりをいかにうまくデザインするかを仕事にしています。

2 まちづくりを担う主体

0 地縁型からテーマ型へ拡張するネットワーク

かつてまちづくりを主体的に進めてきた主体は、自治会をはじめとした、地域に根づいた地縁型の組織や団体が中心でした。近年は、NPO 法人や〈まちづくり会社〉に代表されるように、明確なミッションに基づいて発足されるテーマ型の組織や団体、地域外の人材も、まちづくりの担い手として重要な役割を果たしています。

1 自治会（町内会、区会、部落会）

地域のルールづくりや行事の企画運営、防犯防災や清掃、行政からの情報の伝達（回覧板）など、住民を代表して仕事を担う組織を指します。「町内会」「自治会」「区会」「部落会」など、地方や地域により呼び方は様々ですが、本書では「自治会」と表記します。

主な財源は会員からの会費ですが、市町村から受託する行政事務の補助金収入や、集会施設の貸出利用料による収入、廃品回収などの自主事業による収入を有する自治会も存在します。加入率の低下や活動の衰退が課題とされていますが、地域コミュニティに根差したまちづくりの担い手として、旧来より存在する重要な組織です（図5）。

図5　自治会の様子（高知県いの町）

1991年の地方自治法改正では法人格取得（認可地縁団体）も可能になり、自治会が「まちづくりのための社会的事業体」であるという性格づけはより強まりました。主な利点は、補助金や寄付などの支援を受けやすく、また不動産などの資産の管理運用がスムーズになる点です。

自治会はまさに〈新しい公共〉を行政と協働して担う存在であり、地方財政の圧縮や社会問題の多様化を乗り越えるためにも、今後はますます専門家やNPOなどとの連携が期待されます[9]。

2　商店街振興組合

商店街（3章、p.91）における商業の活性化を通して、地域振興を目的としたまちづくり事業を行う、小売業やサービス業事業者などによる組織です。

拠点整備、街路灯・アーケード・舗装の維持管理といったハード事業から、イベント企画運営、共同駐車場管理、レンタサイクル・スクーター貸出などのソフト事業まで、幅広い取り組みを行っています。

1章でも触れたように、近年ではいわゆる〈中心市街地の空洞化（スポンジ化）〉と連動した商店街の後継者不足が顕著で、商店街振興組合も弱体化しつつあるのが現状です。特に地方都市においては、コンビニエンスストアや郊外型ショッピングセンターへの顧客流出が深刻です。

一方で、商店街を舞台としたまちづくりは今、商業者以外の主体との積極的な連携に期待が集まっています。1章でも取り上げた**コンパクトシティ**（1章、p.23）の実現、自動車に依存しないエコな生活圏づくりのためには、商店街の有するポテンシャルは決して低くはありません[10]。

3　氏子（神社）／檀家（お寺）

文化庁の宗教年鑑によると、令和元年時点で日本には全国各地に8万社以上の神社が存在します。地域で同じ神社を信仰する人たちを「氏子」、その地域圏を「氏子地域」と呼びます。神輿や山車がまちを練り歩くお祭りの風景は、神社（氏神）と氏子が一体となり、氏子地域を巡行する姿です[11]。氏子はこうした祭事の運営や寄付を通じて、地域の平和や安穏を願い、神社に奉仕します。

神社とお寺はいずれも宗教施設ですが、神社は神道、お寺は仏教の施設で、お寺も現在7.5万寺以上と、おおよそ近い規模で存在しています。特定のお寺にお墓をもち、お布施などを通してお寺の護持に協力する人たちを「檀家」といい、お寺は檀家の家系の供養を取り仕切ります。氏神に仕える氏子とは異なり、檀家はお寺そのものに所属します[12]。

神社もお寺も、かつては地域コミュニティの中心であり（3章、p.90）、寺社の清掃や祭事などを通して、住民同士の強い結びつきが支えられていました。しかし近年は市町村合併や宅地開発、地域コミュニティの弱体化などによって、慣習としての氏子や檀家は少しずつ衰退しています。しかしその歴史性や地域性を

踏まえると、今後のまちづくりを考えるうえで決して無視できない文化です。

　神社やお寺を地域のシンボルとして見直すとともに、氏子や檀家のような寺社を取り巻くコミュニティを、まちづくりの担い手として見出していく工夫も、今後は重要になるかもしれません。

4　（まちづくり）協議会 / 委員会

　〈まちづくり協議会〉は、住民自らが住みよいまちづくりを推進するための組織です。活動や目的は様々ですが、例えば地域の調査やまちづくり計画案の作成、事業の実施、必要な協議などを行い、地域内でよりよい合意形成を図ることを目的としています。そのほかにも、地域イベントの実施、法人格をもたないミッション型組織（例：公共施設再編に向けた実行委員会や、ワーキンググループなど）の編成、学術的知見に基づいて直接・間接的にまちづくりへ助言や提言を行う学会など、まちづくりに関係する組織には多くの形態があります。

　またこうした組織は、地元と行政の橋渡し役としても重要な役割を担っています。地元住民へのまちづくりの普及、啓発活動が必要になれば地域新聞や情報誌、ウェブニュースの発行・配布をしたり、まちづくり集会を開催して参加のきっかけをつくったりと、ソフト面にも気を配った取り組みも多くみられます。自治体によっては、まちづくり条例で協議会の存在を認定することで、協議会活動に係る費用の一部負担や専門家の派遣などの技術援助を行っているところもあります[13]。

5　まちづくり会社

　その名のとおり、まちづくり活動を推進する会社です。前述の民間企業と同じく営利を目的としますが、地方都市の中心市街地活性化など、公益性を強く意識したミッションを掲げているのが特徴です。

　市場原理に基づいて営利を追求する企業（第2セクター）では実現が困難なコミュニティバスの運行や公共施設の管理事業、あるいは行政（第1セクター）が直轄できない地域振興のための店舗運営や広告事業などが主な守備範囲となります。ほかにも、テナントリーシング事業や駐車場・駐輪場の施設管理、オープカフェやマルシェ（4章、p.128）といったイベントの実施など、公益性の高い取り組みが中心となり[14]、その性質上、行政から出

資を受ける企業として「第3セクター」と呼ばれ、収入に占める行政からの補助金や委託料も大きい傾向にあります。

　まちづくり（行政）に求められる公益性と民間企業のビジネスマインドとをあわせもった主体として、今後は自治体運営のコスト削減を目的とした受託事業のみならず、より多様なまちづくり活動の担い手として期待されます。

6　NPO

表1　NPOの認証・認定数の推移 （文献16より引用）

年度	認証法人数	認定法人数
1998	23	―
1999	1724	―
2000	3800	―
2001	6596	3
2002	10664	12
2003	16160	22
2004	21280	30
2005	26394	40
2006	31115	58
2007	34369	80
2008	37192	93
2009	39732	127
2010	42385	198
2011	45138	244
2012	47540	407
2013	48980	630
2014	50087	821
2015	50866	955
2016	51514	1020
2017	51867	1064
2018	51604	1102
2019	51258	1147
2020	50898	1208
2021年度 4月末現在	50820	1208

　NPOとはNon-Profit-Organizationの略で、非営利団体を意味します。子育て支援、移住定住促進、医療、福祉、教育、文化など、あらゆるテーマの市民まちづくりの中核をなす組織です。1995年の阪神・淡路大震災を契機としたボランティアや市民活動の重要性を受け、認証制度として〈特定非営利活動促進法（1998年）〉が整備されました。これにより、まちづくり活動のための法人格獲得のハードルが下がり、拠点や土地も積極的に獲得することが可能になりました[15]。さらに、一定の条件を満たしたNPOが税制上の優遇措置を受けられる認定NPO法人制度もあります。ここ20年でNPOの数は大幅に増加しています（表1）。

　後述する社団法人や財団法人との区別が付きにくいですが、NPOは公益法人を除く「特定非営利活動法人や法人格をもたない市民活動団体」とする定義が一般的です。一般的には自治会や町内会など地縁型の互助組織は含まないことが多いですが、社会貢献活動の主体という括りで含める場合もあります。既存の地縁が希薄になり、地縁型とテーマ型との連携による多元的なまちづくりが望まれるなか、NPOのようなテーマ型組織への期待は大きいといえます[17]。

7　社団法人 / 財団法人

　一般社団法人（以下、社団法人）と一般財団法人（以下、財団法人）はよく似た言葉ですが、社団法人はある目的の下に集う人々の団体であり、財団法人はある目的の下に拠出された財産を運用、活用するための団体です。社団法人・財団法人どちらにおいても、法人格を有していることで、銀行口座の開設や不動産の登記など、対外的な手続きが取りやすくなります。また、一定の公益性が認められたら公益社団法人（公益財団法人）を名乗ることができ、税制上の優遇を受けることができます[18]。

　いずれも非営利の団体ですが、ここでの非営利とは「事業に

よる収益や余剰金を団体の構成員に分配しない」ことを指し、行える事業に制約はありません。従って事業で収益を上げることや、構成員に給与を支払うことは可能です。まちづくり活動を拡大していくこと、組織を長期にわたり持続させていくことを考えると、むしろ積極的に事業収益を上げていくことが不可欠であるといえます。

8　任意団体

　まちづくりを始めるとき、必ずしも〈まちづくり会社〉やNPOのような法人格の団体を立ち上げる必要はありません。むしろ、最初は法人格をもたない「有志のチーム」として活動をスタートさせるケース（図6）の方が多いでしょう（4章、p.108）。

　このような法人格をもたない組織を任意団体と呼びます。任意という文字どおり、共通の目的をもつ人たちの集まりであればすべて該当します。法人格をもたない自治会、研究会、同窓会、サークルも任意団体だといえるでしょう。法人格取得とは異なり、任意団体を設立するのに特別な手続きは必要なく、行政からの許可や事業報告も不要です。一方、法的な権利や義務が明確ではないため、団体名義の契約や財産の所有（例えば、団体名義で事務所を借りるなど）ができません。あわせて、社会的な認知度や信用、公的支援が得られにくい一面もあります。

図6　任意団体によるまちづくり活動（里山の環境整備）（兵庫県洲本市）

　任意団体としての活動を進めながら、取り組み内容の発展、メンバーや財源の安定化を見込めたタイミングで、必要に応じてNPOや社団法人などといった法人化を検討するプロセスが一般的です（4章、p.119）。

9　社会奉仕団体

　「ライオンズクラブ」や「ロータリークラブ」に代表される、社会奉仕を目的とした団体です。社会活動やイベント、ほかのボランティア組織への資金援助だけでなく、定例会による会員同士の交流や情報共有も目的の1つとして位置づけられます。おおむね各自治体ごとに存在しており、入会には一定の審査があります[19・20]。

　まちづくりの現場に、直接的に社会奉仕団体が登場する機会は少ないですが、団体の目的とまちづくりとの親和性は極めて高いため（図7）、今後積極的に連携を図っていくことが期待されます。

図7　ロータリークラブによる社会奉仕活動（河川清掃）（文献21より引用）

CHAPTER 2

3 | 手助けが必要な人々

0 多様な活躍を支援する

　私たちの住む地域には、高齢者や障がい者など身体的な制約をもつ人、やまれぬ事情で仕事を失った人、他国から来た異なる言語や文化の人など、生活を送るためにはなんらかの手助けを要する人々がいます。まちづくりの過程でも常にこうした人たちの存在を認識し、支援の手を差し伸べることはもちろんですが、様々な支援の延長上に、交流の場や活躍の場づくりを進めていくことが、まち全体を豊かにすることにもつながっていきます。

1 高齢者

図8　高齢者との交流（高知県いの町）

▶ CCRC

Continuing Care Retirement Community の略称。アメリカで生まれた高齢者向けの地域や共同体の概念。健康な状態でコミュニティの一員となり、場所や施設を変えることなく医療や介護、および社会参加や学習環境などの機会を維持しながら活動的な暮らしを送る。わが国ではこの考え方を踏まえつつ、地方移住の促進を見据えた「日本版CCRC構想」が進められつつある[23]。

　高齢化社会の進展によって、まちづくりにおける高齢者へのケアはますます重要になっています。世界保健機関（WHO）の定義によると、高齢者とは65歳以上の人を指します[22]。身体や認知の衰えに応じた介護や生活支援のみならず、独居などの社会的孤立、生きがいの喪失をケアするための仕組みとして生涯学習の場づくりなど、まちづくりの活動を通した地域ぐるみのサポートが重要になります（図8）。老後のセカンドライフを豊かに送るための施策として **CCRC（Continuing Care Retirement Community）** に力を入れる自治体も増えています（5章、p.152［シェア金沢］）。

　一方で、高齢者だからといって支援する対象とばかり思っていてはいけません。地域文化や生業にまつわる様々な経験や技術、知識など、現役のまちづくりの担い手として教わるもの、継承していくものも多くあります。積極的に世代間のコミュニケーションを重ね、助け合い、学び合う関係を築いていくことが大切です。

　人間はいずれ必ず年を取ります。高齢者に優しいまちの姿を考えることは、長い目で見れば、いつか自分の暮らしにも返ってくることでもあります。

2 子ども

　子どもが健やかにいられる地域の姿を考えることは、あらゆるまちづくりにおける原点の1つです。子どもが安全に暮らせるような地域の防犯対策や治安維持の重要性は言うまでもありませんが、幼少期の体験（原体験）が、大人になってからの様々な独創的な活動に影響することが知られている[24]ように、遊び場や散歩コースなど、子どもが楽しめる舞台としてまちを捉えることも必要です。地域への愛着を育み、将来のまちづくりの担い手を育んでいくような、次世代に愛されるまちの姿を見据えて、まちづくりを進めていくことが重要になります。

　一方で近年は、子どもの貧困が問題視されており、約7人に1人が貧困家庭で生活を送っているといわれます[25]。こうした課題に対する取り組みの1つに〈子ども食堂〉があります。無料または安価で食事を提供するこの活動は、地域のコミュニティの場づくりにもつながっています（図9）[26]。

図9　子ども食堂の様子（高知県いの町）

3 障がい者

　障がい者や高齢者の生活における障壁を取り除く考え方を「バリアフリー」と呼びますが、この言葉は、段差の解消や手すりの設置（図10）といった物理的なハードルを取り除くだけではなく、社会的、制度的、心理的な障壁を取り除くという意味合いでも用いられるようになっています。移動やコミュニケーションなどの制約に対応するには、家族による支援のみでは難しく、まち全体での支援が欠かせません。

　厚生労働省は、障がい者を「身体障害、知的障害又は精神障害があるため、継続的に日常生活又は社会生活に相当な制限を受ける者」と定義しています[28]。2000年以降、障がいの有無にかかわらず、すべての人にとって使いやすい環境の整備を目指す「ユニバーサルデザイン」という考え方も普及しています（図11）[29]。

　まちづくりにおいても、バリアの排除を念頭に置くことが求められます。一方で高齢者と同様、障がいをもった人がいかにまちづくりを通して活躍・参画の場をもてるような仕組みをつくることができるかも、重要なポイントになるでしょう。

図10　バリアフリーの例：段差解消のためのスロープ整備（文献27より引用）

バリアフリーの考え方：

> 障害のある人が社会生活をしていく上で障壁（バリア）となるものを除去する

ユニバーサルデザインの考え方：

> あらかじめ障害の有無、年齢、性別、人種等に関わらず多様な人々が利用しやすいようデザインする

図11　バリアフリーとユニバーサルデザイン
（文献30に基づき筆者作成）

4 ホームレス

　住居を持たず路上や公園、駅などで生活する人のことを指します。厚生労働省の調べによると300市町村に5,000人近くのホームレスが確認されており、近年は減少傾向にあります[31]が、例えば「ネットカフェ難民」と呼ばれる人々のように、職や住居を転々としながら生活する人を広義のホームレスと呼ぶ場合もあり[32]、そうした層も含めた実態については、正確に把握することは困難です。

　ホームレスに至る経緯は様々ですが、その背景には、雇用の不安定化やコミュニケーションの希薄化、支援制度の未拡充といった社会課題があり[33]、決して本人だけにその責任があるわけではありません。ホームレスの存在は、一般的にはネガティブな印象を抱かれがちですが、こうした地域レベル、国家レベルの問題として考えることが必要です。

　彼らを単にまちから排除するのではなく、例えば雑誌の路上販売を通してホームレスの自立を支援する社会事業「The Big Issue」や、医療や法律に関する相談受付など、社会復帰を支援するための仕組みや制度づくりを進めるとともに、そうした現状を認め、向き合い、行動を起こす社会の形成が必要であるといえます。

5 外国人

図12　団地での在日外国人との交流
（文献36より引用）

　欧米諸国への移民難民の流入問題を筆頭に、わが国の在留外国人（中長期在留者および特別永住者）も増加しており[34]、今後もこの傾向は続くと予想されます。あわせて近年、観光が成長戦略の柱として位置づけられ[35]、訪日外国人旅行者（インバウンド）誘致のための施策やインフラ整備が急ピッチで進められている状況も踏まえると、今後、外国人の存在は地域にとってより身近なものとなっていくでしょう。

　日本語学校での相互交流や、就労支援セミナー、看板の多言語表記などすでに様々な取り組みが進められているように、「出稼ぎ労働者」「旅行者」といったこれまでの外国人のイメージを越えて、「同じまちの住民（生活者）」として支える取り組みが期待されます（図12）。また時に外国人は、価値観やマナー、文化といったバックボーンの違いから、差別や批判の対象になることもあります。しかし、人権の尊重はもとより、さらなるグローバル化を見据えた場合、国境を越えた関わり方や助け合い方を、まちづくりの活動においても意識することが一層重要になります。

まちづくりを下支えする主体

CHAPTER 2
4

0 見えないつながりに目を凝らす

これからのまちづくりには、住民総出で多様な可能性・埋もれたニーズを発掘し、実効性と推進力を高めることが必要不可欠です。

まちづくりとは直接関連のなさそうな組織や団体も、様々な取り組みを通して地域を支えています。農林水産業をはじめとした生産・流通、金融ビジネス、情報産業など、地域には専門性を活かして働く人々がたくさん暮らしています。彼ら彼女らがいるからこそ広げられるまちの価値、これからのまちを支える人的ネットワークを模索してみましょう。

1 農協 / 漁協 / 森林組合

農業協同組合（以下、農協）、漁業協同組合（以下、漁協）、森林組合とは、それぞれ農家、漁家、森林所有者を組合員とし、各組合員の生産力や社会的・経済的地位の向上、海や森といった自然資源の管理を目的とする組織です。農山漁村地域など、ほぼすべての住民が農協や漁協、森林組合の組合員である地域もあります。

代表的な仕事は、農産物（漁協の場合は漁獲物、森林組合の場合は立木や丸太など）の販売事業です。そのほかにも、各産業に必要な資材や備品の購買事業（ガソリン、農薬、農機具や漁具、機材など）、貯金や貸付を行う信用事業、教育や研修を提供する指導事業などがあります（図13）。農林漁業の衰退や担い手不足が問題視される一方、近年では、森林組合関係者が森林の案内や野外活動の指導を行うなど、地域の自然資源を活かしたアウトリーチ活動も盛んになってきました[38・39・40]。

一次産業の活性化に関わる取り組みはもちろん、海や山の環境に詳しいことから、自然災害に備える防災まちづくりの担い手としても、今後の活躍が期待されます。

指導事業	農産物の作り方や売り方など、農家の課題解決を支援する
販売事業	農家の作る農作物を集めて市場などに販売する
購買事業	肥料や農薬等の備品や資材を共同購入する
信用事業	銀行のように農家や住民の貯金や貸付を行う
共済事業	組合員のお金を積み立てて病気や事故、災害等に備える
その他の事業	加工事業、福祉事業、観光事業等（地域により異なる）

図13 農協が行っている事業の例
（文献37に基づき筆者作成）

2 商工会

図14　商工会のマーク（全国共通）
（文献41より引用）

地域の商工業の総合的な改善・発達を目的とした組織です（図14）。業種に関わりなく地域の事業者が会員となり、中小企業に重点を置いて経営を改善したり普及したりするのが主な事業です。互いの事業や地域の発展のために、創業支援、経理のフォロー、販路・人材獲得支援、専門家の派遣などを実施しています。基本原則として、営利を目的としないこと、特定の個人または法人、団体の利益を目的とした活動をしないこと、特定政党のために活動をしないことの3点を守り運営されます[42,43]。似た言葉に「商工会議所」がありますが、管轄範囲や根拠法の異なる別の組織であり、混同しないよう注意が必要です。

ビジネスや事業化のノウハウを有している点や事業者ほか地域内外に多くのネットワークをもつ点、公平公正な立場である点など、まちづくりとのシナジーが考えられる要素も多いことから、他主体との積極的な連携が望まれます。

3 観光協会 / DMO

観光協会とは、地域内の観光振興を目的とした団体です。会員が営む地域の飲食・宿泊・娯楽施設などを偏りなく公益的にプロモーションしたり、イベントの実施や地域内施設の管理を行ったりと、観光という観点から〈地域資源〉を活かしたまちづくりの担い手としての活躍が期待されています。

なかでも、観光庁が推進する旅行者の誘客や消費の拡大を

図15　DMO（観光地域づくり法人）の役割（文献44より引用）

目指した観光地経営の舵取り役として近年よく耳にするのが、DMO（Destination Management / Marketing Organization）です。「観光地域づくり法人」を意味し、もはや観光地には不可欠な存在ですが、著名な観光地でなくとも「地域の多様な関係者を巻き込みつつ、科学的アプローチを取り入れた観光地域づくりを行う舵取り役となる法人」として注目を集めています（図15）。とりわけ今後は、多主体による合意形成、データに基づく戦略策定、プロモーションが求められるでしょう[45]。

4　社会福祉協議会

　高齢者や障がい者、子育て中の親子が集う**サロン活動**や、ボランティア活動に関する相談や活動先の紹介、小中高校における福祉教育の支援など、福祉のまちづくりにまつわる様々な活動を行うのが社会福祉協議会（社協）です。**社会福祉法**に基づいて設置され、民間の社会福祉活動を推進することを目的とした非営利の民間組織です（図16）。

　都道府県または市区町村の単位で、地域住民のほか民生委員・児童委員、社会福祉法人・福祉施設などの社会福祉関係者、保健・医療・教育など多くの関係機関が参加・協力しています。冒頭で挙げた取り組みのほかにも、相談活動、ボランティアや市民活動の支援、共同募金運動への協力など、全国的な取り組みから地域の特性に応じた活動まで、様々な場面で地域の福祉増進に取り組んでいます[47]。

　近年では災害ボランティアセンターへの職員派遣や子どもの貧困への対応、アルコールや薬物の依存症ケアのプログラム実施など、多様な社会問題に対応して取り組みの種類も増えています[48]。

図16　社会福祉協議会のマーク（全国共通）（文献46より引用）

> **▶ サロン（活動）**
> サロン（salon）は、もともとは応接室や談話室を意味する言葉だが、今日的には様々な人が集う交流の場、およびそこでの交流を通した諸活動を指す。最近は分野を問わず、世代や業種などの垣根を越えたサロンや、オンライン上のサロンなど、様々な形態のサロンが存在している。

> **▶ 社会福祉法**
> 1951年に社会福祉事業法として制定。日本の社会福祉に関する基礎的概念を定めた法律。

5　PTA / 公民館

　PTA（Parent-Teacher Association）とは、学校ごとに組織された保護者と教職員による非営利団体のことを指します。

　小学校PTAは、おおむね小学生の徒歩圏内である「小学校区」で活動していますが、この小学校区は日常の生活圏として、またはまちづくりの圏域においても重要な意味合いをもっています。例えば衰退の進む中山間地域のまちづくりも、基本的な空間単位として一次生活圏である小学校区、中学校区（3章、p.85）というエリア設定から考えるのが基本です[49]。

　基本は小中高校生のための取り組み（防犯や交通安全など）

図17　PTAによって設置された通学路の安全確保を喚起する看板（文献50より引用）

が中心ですが（図17）、普段から教育機関と児童・保護者をつないでいる連携力を活かして、子育て世代がまちづくりに取り組む入り口として連携できると心強い主体でしょう。

6 金融機関／ファンド／投資家

図18 日本最大規模のクラウドファンディングサイトのひとつ「READY FOR」（文献52より引用）

▶ ふるさと納税

現在住んでいる（住民票を置く）自治体以外の、任意の自治体に寄付することで、寄付額相当の税額控除が受けられる制度。名称およびお金の流れ上は納税のように見えるが、実際は寄付のしくみである。地域格差の是正を目的とした制度だが、寄附金獲得に傾倒した過度な返礼品競争が問題にもなっている。

持続的なまちづくりを進めていくには、財源が必要不可欠です。預金の受入れと資金の貸出し（融資）によって地域経済を回す代表的な存在は、銀行です。まちづくりの担い手としての側面に目を転じてみると、地方銀行をはじめ金融機関による地域貢献活動（顧客獲得を目的とした行事やまちづくりへの参画）はかねてより積極的に進められています。とりわけ不動産活用などに代表される中大規模のまちづくり活動においては、活動のスタートアップにおける融資、各種決済などで接点が多くなります。加えて近年では、金融支援のみならずビジネスマッチングや計画策定支援の取り組みなど、より直接的にまちづくりを担う金融機関も増えてきました[51]。

まちづくりファンドや財団法人の基金なども、活動の大小を問わず重要な支援組織です。ファンドの定義は様々ですが、本書では複数の個人・法人が出資したお金を原資に、何らかの運用を行う民間補助金としましょう。代表的な例として知られているのが、一般社団法人世田谷トラストまちづくりが1992年に設立した「世田谷まちづくりファンド」（5章、p.139）ですが、全国各地に、これに類する支援組織があることを知っておき、必要な時に力を借りるのも手です。

これらの組織とは別に、近年まちづくりの資金調達の手法として一般的になりつつあるのが、インターネットを通して不特定多数の共感者や支援者からの出資を募る〈クラウドファンディング〉です（図18）。出資者が間接的にまちづくりを担うという意味では、**ふるさと納税**も一種の〈クラウドファンディング〉といえるでしょう。ふるさと納税による寄付を通じて、特定のまちづくり活動に出資を行えるメニューを用意する自治体も増加しています。

最後に紹介するのは投資家です。自身への経済利潤や社会貢献などを目的に出資を行う個人や機関を指します。かつては地元の大地主などが地域に出資するかたちで空間・環境が整備されていたこともまた、今日のまちづくりを考えるうえで重要なポイントです。不動産投資やベンチャービジネスの多様化を背景に、投資家がまちづくりに関与するケースは今後増えていくと考えられます。

7 新聞 / テレビ / 地域雑誌

近年は、地域の情報やニュースを発信するメディアに、まちづくりの活動が取り上げられることも多くなってきました。テレビに映ることや、雑誌に掲載されることは、まちづくり活動のモチベーション向上にも少なからずつながるでしょう。

基本的には、新聞記者やテレビの制作取材班が現場に赴き、撮影やインタビュー取材が行われ、各媒体で発信されます。

近年はまちづくりの成果や地域の魅力などをフリーペーパーや小冊子にして配布する〈ローカルメディア〉の取り組みも活発化しています（図19）。その多くが地域密着型の生活情報誌であり、広告収入で紙メディアを成立させることやチラシを集約できる規模を考慮すると、まちづくりの活動を地域住民へダイレクトに届ける地域メディアになりえます[53]。インターネットによる情報発信・収集が主流となりつつある現在にあっても、高齢者をはじめ新聞やテレビを主たる情報源とする層は未だ少なくありません。

作成には一定のスキルや機材も必要になりますが、アナログな手段での発信は今後も一定の有効性をもち続けるでしょう。

図19　まちづくりの成果をまとめた小冊子
（兵庫県洲本市）

CHAPTER 2

5 ｜ 外部の専門家やサポーター

0 リーダーではなく協力者

専門知識や技術を有するプロフェッショナルや外部支援者は、まちづくりの様々な場面で頼りになる存在です。専門家との協働は、活動の質を高めたり多くの関係者を巻き込んだりと視野を広げ、チャレンジの実現可能性を高めてくれます。一方で、あくまで協力者である専門家にまちづくりを丸投げしてしまうことはあってはなりません。かえってプロジェクトの持続可能性が低下してしまいかねないためです。地域の主体性を育める適切な関係性が重要です。

1 　民間企業などの専門家

図20　専門家の監修のもと住民自らが作成した地域の地形模型（兵庫県洲本市）

　まちづくりにおける専門家とは、都市計画の専門家や建築家を指すことが多いですが、広義的には、そのほかの特定分野（弁護士、不動産鑑定士、税理士など）の専門家も含みます。まずは、地域内に適切な支援者がいないか、ほかの住民グループや役所に尋ねてつないでもらうのがよいでしょう。あるいは、本や雑誌、インターネットで興味をもった人のシンポジウムや講演会などに出かけ、直接相談を持ち掛けてもよいかもしれません[54]。

　ただし、専門家を呼んでも、来てもらうだけで満足するのではなく、どこからどこまで関わってもらうか（手伝ってもらうか）、いつまで関わってもらうかを十分に検討することが重要です。

　専門家の関与は、目的ではなく手段です。地域の自主性を育み成長を促したいなら、過度に頼りすぎず、「住民の主体的な取り組みをアシストする存在として、専門家の手を借りる」姿勢が重要です（図20）。関係性さえ間違えなければ、知識や経験、関係者との人的ネットワークをもつ存在として、取り組みの立ち上げから伴走・軌道修正まで、幅広い効果が期待できます。

2 　大学教員／学生

図21　大学生チームと地元の住民とのまちづくりミーティング風景（兵庫県洲本市）

　ここでの大学教員とは、理系・文系を問わず、地域に関する研究・教育を生業とした人間を指します。研究論文に必要なデータを得るための調査（フィールドワーク、ヒアリング、実験など）で地域に関与するパターンのみならず、まちづくりの現場で活躍する大学教員もたくさんいます。

　大学教員個人では、前述の民間企業などの専門家に近いかたちで地域のサポートにあたるケースが多いですが、一般的に大学教員は、複数名の学生が所属する研究室（ゼミ）を設けているため、学生たちを含めた数人〜数十人のチームでまちづくりに関わってもらうパターンも多くみられます（図21）。来訪者数や移住者数のような数値目標達成などの短期的ミッションにおいては、民間プランナーやコンサルタントの方が得意です。しかし若者の感性で地域を見つめ直し、じっくりとまちに伴走し、長期的で発見的な課題に取り組むパートナーを探しているなら、大学の研究室が適任でしょう[55]。近年では大学の授業としてまちづくりの現場に赴く実地カリキュラム（域学連携、PBL：Project Based Learningなど）も増加しているほか、例えば「地域協働学部」といったような名称で、まちづ

くりを通した地域への参画を前提とする学部や学科の設置も増えつつあります。

　どのような取り組みを進めるにしても、まちづくりとして求められる直近のミッションのみならず、長期的なまちの未来、あるいは持続的な活動や仕組みづくりを考えることが重要です。このことは、地域側・大学側、ともにいつも心掛けておく必要があるでしょう。

3 地域おこし協力隊

　地域外の人材を一定期間受け入れ、様々なまちづくり活動に従事させるための国の助成制度です。衰退の進む中山間地域や過疎地域を中心に地域の担い手不足解消を図りつつ、任期終了後の定住も見据えた事業として、2009年度に総務省によって制度化されました[56]。まちづくりの即戦力として期待が集まる一方、協力隊一人ひとりのパーソナリティやキャリアパスを理解し、地域の課題と協力隊のスキルをうまく掛け合わせ、どちらも WIN-WIN の関係を築くことが最重要です。

図22　地域おこし協力隊（兵庫県洲本市）
（提供：高田久紀（hisakidesign））

　協力隊の登用条件や役割、雇用形態などは地域によって様々です。制度の特質上、協力隊となる人材は起業や地場産業への高い意識、地域固有の資源や魅力に対する鋭い感覚をもち[57]、地域内での新たなビジネスやサービスの創出に大きく貢献しています（図22）。なお、実効性ある制度活用のためには、隊員となる人材のみならず地域の協力が不可欠です。協力隊の任務や活動内容は受け入れる地域の行政や住民、関連組織に大きく影響されるため、受入体制の整備が不足すると、十分にその力を発揮してもらえないまま、任期を終えてしまうことになります。

CHAPTER 2
6 ｜ 参加と連携・協働のための
　　キーワード

0 複雑な地域課題に向き合う8つの視点

　ここまで、私たちのまちに暮らす、または関わる「主体」について紹介してきました。多くの場合、まちづくりとはこれら

の主体同士が連携・協働することによって行われます。地域の課題を解決するうえで、互いの得手不得手や制約などについて共に考え、乗り越えながら、様々な取り組みが進められているのです。加えて、あらゆる住民を巻き込みながら積極的な参加を促し、活動を展開させていくことが重要です。

　この節では、参加・連携・協働の理念やスキームを体系化したキーワードや用語を紹介します。これらを理解することが、まちづくりの目的をより明確にし、さらなる活動の展開を促すかもしれません。

1　参加のデザイン

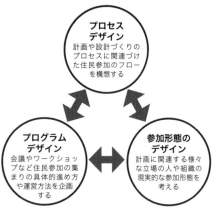

図 23　参加のデザインの三要素
（参考文献 59 に基づき著者作成）

プロセスデザイン
計画や設計づくりのプロセスに関連づけた住民参加のフローを構想する

プログラムデザイン
会議やワークショップなど住民参加の集まりの具体的進め方や運営方法を企画する

参加形態のデザイン
計画に関連する様々な立場の人や組織の現実的な参加形態を考える

　まちづくりにおいては、自らが主体的に関わりたいと思える場をつくることや、常に参加できるように場を開いておくことがなによりも重要です。

　参加を促す仕掛けとして、一般公募、〈ワークショップ〉やコンペ、コンクールなど様々な手法があります。これらの成否は運営の技術によるところが大きく、どの段階で、だれが参加し、どのような目的で必要とされるかをしっかり検討し、またその結果をどのように生かすかが重要です[58]。こうした考えは、〈参加のデザイン〉として体系化されており、いずれも欠くことなく、取り組みを進めていく必要があります（図23）。

　例えば公園の整備事業で、利用者である住民の意見やアイデアをヒアリングする際、公園の主な利用者である子どもやその保護者が参加しやすい土日の昼頃に〈ワークショップ〉を設定し（参加形態のデザインの例）、複雑な図面や書類ではなく、写真やイラストを多用した企画を想定し（プログラムデザインの例）、さらには場づくりの目的に維持管理の市民ボランティアを募るチームメイキングも兼ねておけば（プロセスデザインの例）、より効果的に計画構想を前進させることができます。

　一方で近年は、行政のあらゆる部局や企業、NPOなど様々な主体に、市民社会の一員として地域課題に取り組む意識を醸成することが推進されています[60]。住民参加のみならず、多主体の連携・協働によってしか解決できない複雑な地域課題に向き合うことが、今後のまちづくりにおいては必要不可欠です。

2 　ワークショップ

　まちづくりの意思決定や計画策定、またその過程にある協議や制作の段階における、複数名による対話や協働作業を通した集団創造の手法です。木下勇著『ワークショップ』（学芸出版社、2007）によると、「構成員が水平的な関係のもとに経験や意見、情報を分かち合い、身体の動きをともなった作業を積み重ねる過程において、集団の相互作用による主体の意識化がなされ、目標に向かって集団で創造していく方法」と定義づけられています。一方向的な説明会や公聴会ではなく、住民の主体的な参加による関係性の構築や相互理解、意識変化、問題やテーマの深堀りといった実質的な方法論として1970年代にわが国でも導入、各地で実施されるようになりました[61]。

　〈KJ法〉に基づいた意見の集約と類型化がよく用いられますが（図24）、具体的な方法は〈マッピング〉やまち歩き、演劇など様々です。その一方で、住民参加の免罪符や、強引な合意形成の手段として行われる見かけ倒しの〈ワークショップ〉が問題視されることもあります。まちづくりの本質的な目標に貢献する、適切なプログラムづくりが重要であるといえます。

▶ KJ法
文化人類学者の川喜田二郎が考案した、データやアイデアなどを集約整理する手法。断片的なデータを記述したカードやポストイットをグルーピングしながら、新しいアイデアや課題解決の足掛かりとする。

図24　ワークショップの例（東京都千代田区）
（提供：嵩和雄）

3 　プラットフォーム / フォーラム

　多様な主体が集い、意見を交わし計画を醸成させる場のことをプラットフォームやフォーラムといいます[62・63]。実効性あるまちづくり計画や事業に不可欠なのは、様々な立場でまちに関わる利害関係者（ステークホルダー）の意見を反映させることです。またそうした関わりをきっかけに、新たなコミュニティの構築や取り組みの連鎖を意識することもまちづくりにとっては重要です。

　組織や団体名、仕組みの名称として扱われることが多いですが、単発または断続的に行われるイベントが、プラットフォームやフォーラムの名を冠することもあります（図25）。いずれの場合も、多主体による情報共有や意見交換が強く意図されたものであり、個別最適ではなく全体最適のまちづくりを進めるための重要な取り組みであるといえます。

図25　フォーラムの例

4　パブリック・インボルブメント（PI）

主に公共事業の計画策定において、住民の参画を積極的に促し、住民視点の意見やアイデアを活かしていく取り組みの総称（Public Involvement、住民参画）を指し、PIという略称が一般的です。

住民が「計画策定に参画する」ことを意味するPIは、住民に意見を求める〈パブリックコメント〉とは明確に異なります。例えば、静岡県の沼津駅付近鉄道連続立体交差（鉄道高架）事業では、事業の検討の「進め方」をあらかじめ市民に共有したうえで、オープンハウスや座談会、勉強会など、市民と事業者との双方向の議論の場を何度も設け、地域の様々なニーズを把握、反映しながらプロジェクトが進められました[64]。そのほかには、各地の都市計画道路や都市計画マスタープランなどで同様の手法が用いられています。

PIが生まれた背景のひとつに、行政と事業者だけ（市民不在）で進められることの多かったかつての公共事業が、市民の行政不信を招いていたことが挙げられます。市民主体で進められるまちづくりにおいても、ほかの市民にも関心をもってもらいたい時や、多様なアイデアが必要な時など、PIの考え方が参考になる場面も多いでしょう。

▶ **パブリックコメント**
自治体の政策や計画などを定める過程で市民の意見を募集すること。厳密には、寄せられたコメントを取り組みに反映させることや、コメントに対する行政の見解の公表などを含めた一連の手続きを指す。

5　ローカルガバナンス

自らの地域を自らで良い場所にすることを目指した意思決定や合意形成を、住民やNPO、各法人、任意団体など地域社会内の多主体の発意と協働によって進めていくかたちを意味します。

〈新しい公共〉（p.45）ともよく似た概念ですが、行政機能を補うこと以上に、各主体の協働、つまり「横のつながり」による補完や連携の重要性が強調されている点が特徴です。例えば、婦人会とシルバー団体、スーパー、紙製品メーカーなどが連携して行っている紙類リサイクル活動や、複数のNPOと住民との協力による災害復興の取り組みは、まさにローカルガバナンスの好例であるといえるでしょう。

ガバナンス（Governance）とは、緩やかで主体的な構成員の参加とネットワーキングをもとに、ボトムアップな合意形成や秩序の形成で社会が進む状態を意味し[65]、「（地域に住まう人間の主体的な関与による）統治」のことです。例えば「ガバメントからガバナンスへ」というように、しばしば「政府」（に

よるトップダウンの統治）の意味合いで使われるガバメント（Government）と対置されて用いられます。

6 コミュニティ・ビジネス

〈コミュニティ・ビジネス〉とは、文字どおり地域コミュニティにビジネスの視点を導入し、自分の住む地域の課題に継続的に取り組む事業のことです[66]。すでに全国各地で福祉や教育、就労支援、災害復興など、市民主体の様々な取り組みがなされています。

ビジネスである以上、公益性のみならずサービスの品質やニーズの見極めも重要視されること、事業資金の調達はもとより、取り組みの賛同者や参加者を増やしていく為の**ファンドレイジング**が必要であることなど、質の高い取り組み内容が求められます。

地域住民自らがビジネスの主体として自立を図るべきという発想の背景には、少子高齢化による社会構造の変化と、多様な人々と共生を目指す〈社会的包摂〉（1章、p.26）の理念があります[67]。一般的な狭義の「ビジネス」とは異なり、人のつながりや生きがいの創出といった、非貨幣的ニーズへの対応も重要で、金銭的な利益や収益に限定されない点が特徴です。

▶ **ファンドレイジング**
会費や寄付、補助金 / 助成金、事業収入などを含めた財源獲得の総称。前述のとおり、単なる資金調達ではなく、事業の認知度向上やコミュニティの拡大なども視野に入れた戦略的な進め方が重要とされる。

7 コミュニティ・マネジメント

例えば、商店街の活性化を図りたいとします。そもそも周辺地域の人の流れを変えたいと考えたとき、商店街だけでできることには限界があります。公園整備や道路再編といったハード事業と一体的に取り組めば、商圏を広げたり子育て層の来訪を増やしたりと、より多くの人を巻き込める可能性があります。このように多主体の連携による「合わせ技」で地域課題を解決していく考え方を、コミュニティ・マネジメントといいます。コミュニティの強化や再生を中心に据えて地域の諸問題に取り組む仕組みの総称です。ここでのコミュニティとは、住民や商業者、地元企業、職人、学校、施設関係者、地域団体、サークルなど、あらゆるステークホルダーを指します。また環境・経済面のみならず、社会面の恒常性、自立性を有するサスティナブル・コミュニティの形成を目指す場合も多いです[68]。

8 エリアマネジメント

図26　エリアマネジメントを通した丸の内仲通りの賑わいづくり（文献71より引用）

地域内の一定の区域（エリア）において、主に民間が主体となってまちづくりや地域経営を担う取り組みです[69]。住民、事業者、地権者を中心として、エリアの賑わいづくりや事業づくりを市民主体で進めることが目標とされており、主に主要駅前など、地域の玄関口や盛り場の再開発に適用されます。

高度経済成長期にもてはやされた「スクラップ・アンド・ビルド」のまちづくりから脱却し、まちの価値の質的向上や維持を目指す〈エリアマネジメント〉の必要性が、現在強く認識されるようになっています[70]。［六本木六丁目地区（六本木ヒルズ）］や［横浜みなとみらい21］［大手町・丸の内・有楽町（大丸有）エリア］（図26）など、地区の一体的運営と機能集積によって、エリアのイメージ創出やブランディングを進めていく取り組みも近年は増えつつあります。

CHAPTER 2

7 みんなと出会うために

0 まちづくりの仲間を見つけるには？

ここまで様々な主体や、連携、協働のキーワードを紹介してきました。なるべく多くの主体を紹介するようにしたのは、まちづくりはあなたひとりではできないことを知っておいてほしかったからです。

本章の最後は、仲間と出会い、一緒にまちづくりを進めていくために、あなた自身が心がけておくと良いポイントを整理しておきます。

1 「人は兼任している」ことを知ろう

ここまで、まちづくりに関わる職業や組織、立場などを一つひとつ別の主体として説明してきました。しかし、人は幾つもの顔をもっています。実際には多様な関わりのなかで、1人の

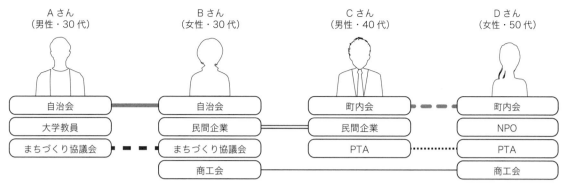

図27　人はみんな兼任しながらつながっている

人間が2つ以上の立場を「兼任」していることが普通です（図27）。あなたと同じ団体に所属している人が、実はまちづくり協議会にも入っていて、そのつながりで活動をサポートする人を紹介してくれた、ということも十分起こりえます。

　無理のない範囲であなた自身も、複数のコミュニティを縦、横、ナナメに横断しながら人と知り合い、あらゆるつながりをもちながら、まちづくりの活動を進めていくことが重要です。

2　趣味や特技にも目を光らせよう

　あなたは趣味や特技をもっていますか？いずれも、必ずもっていないといけないものではありませんが、趣味や特技は人生を豊かにするだけではなく、意外なかたちでまちづくりの入口になる場合があります。

　例えばあなたがギターが得意なら、音楽を通じてまちづくりの仲間に出会えるかもしれませんし、音楽そのものがまちづくりのツールになりえます。読書が好きなら、本屋や図書館を舞台としたまちづくり活動のアイデアを考えてみるのも良いかもしれません。アウトドアやスポーツ、そのほかにどんな趣味や特技でも仲間との接点、まちづくりとの接点があることを意識しておきましょう。あなた自身に趣味や特技がなくても、ほかの関係者に趣味や特技を披露してもらうことで、新たな発見やつながりが生まれるかもしれません。

3　あなた自身が積極的に参加者になろう

　イベントや〈ワークショップ〉を行う場合も、仲間を集める場合も、まちづくりの活動ではなるべく大勢の参加者に来てほ

しいものです。一方で、あなた自身が参加者として様々な場所に顔を出すことも大切です。

　参加すること自体は全く難しいことではありません。その場でまちづくりの情報を集めたり、客観的に物事を捉える力を鍛えたりと、自分の糧になることも多いです。なにより、同じ思いや価値観をもった仲間に出会えるチャンスは自然と高まるはずです。

4　各主体の得意技や困りごととまちづくりをつなげよう

　まちにいる様々な主体には、それぞれの得意分野があり、またそれぞれの困りごとがあります。例えば、ある商店街振興組合は商店街の事業者とのネットワークがある一方で、若者世代との接点をつくるのに難儀しているかもしれませんし、またある自治会は地元のお祭りなどのイベントを主催するノウハウをもっているものの、そのノウハウを継承する後継者不足に悩んでいるのかもしれません。

　それぞれの得意技を持ち寄ると、自然とそれぞれの困りごとを解決に近づけるアイデアも多様になります。あなたのまちの団体や組織が得意としていること（できること）や、困っていること（あるいは、やりたいけどできないこと）について、インタビューをしてみるのも良いでしょう。多分野の主体から協力が得やすくなれば、連携や協働の実現可能性も格段に高まるでしょう。

📖　参考文献

1. 加藤年紀『なぜ、彼らは「お役所仕事」を変えられたのか』学陽書房、2019
2. 三浦典子『企業の社会貢献と現代アートのまちづくり』渓水社、2010
3. 佐谷和江・須永和久・日置雅晴・山口邦雄『市民のためのまちづくりガイド』学芸出版社、2000、pp.139-141
4. 国土交通省：「新しい公共」の考え方による地域づくり https://www.mlit.go.jp/kokudokeikaku/aratana-kou/index.html（2021年4月18日閲覧）
5. 三橋伸夫『参加と協働のまちづくり・むらづくり』農林統計出版、2019、pp.103-105
6. 宇都宮市社会福祉協議会『第4次宇都宮市地域福祉活動計画』2018
7. 内閣府『防災白書（令和元年版）』2019
8. 国土交通省国土政策局地方振興課『"助け合い"除雪取組事例集』2017
9. 中田実・山崎丈夫・小木曽洋司『改訂新版 地域再生と町内会・自治会』自治体研究社、2017
10. 酒巻貞夫『商店街の街づくり戦略』創成社、2008、p.146
11. 兵庫県神社庁 http://www.hyogo-jinjacho.com（2021年1月8日閲覧）
12. 天台宗：法話集 No.43「檀家とは？」http://www.tendai.or.jp/houwashuu/kiji.php?nid=44（2021年4月18日閲覧）
13. 三船康道＋まちづくりコラボレーション『まちづくりキーワード辞典第三版』学芸出版社、2009、pp.272-273
14. 国土交通省『まちづくり会社の設立・活動の手引きQ＆A』2008
15. 三船康道＋まちづくりコラボレーション『まちづくりキーワード辞典第三版』学芸出版社、2009、pp.270-271
16. 内閣府「NPO基礎情報：認証・認定数の遷移」https://www.npo-homepage.go.jp/about/toukei-info/ninshou-seni（2021年6月24日閲覧）

17. 村岡兼幸＋財団法人まちづくり市民財団『NPO!? なんのためだれのため』時事通信社、2007、p.35
18. 法務省「知って！活用！新非営利法人制度」http://www.moj.go.jp/content/000011280.pdf（2020 年 8 月 1 日閲覧）
19. ライオンズクラブ HP　https://www.lionsclubs.org（2019 年 1 月 1 日閲覧）
20. ロータリークラブ HP　https://www.rotary.org（2019 年 1 月 1 日閲覧）
21. 長浜東ロータリークラブ、https://nagahama-east-rc.com/report/2019-20 年度 %E3%80%80 活動の記録 /（2021 年 6 月 6 日閲覧）
22. 厚生労働省 HP：e- ヘルスネット：健康用語辞典 https://www.e-healthnet.mhlw.go.jp/information/dictionary/alcohol/ya-032.html（2021 年 4 月 18 日閲覧）
23. 内閣官房・内閣府総合サイト地方創生 https://www.chisou.go.jp/sousei/meeting/（2021 年 4 月 18 日閲覧）
24. 仙田満『こどもを育む環境蝕む環境』朝日新聞出版、2018
25. ポール・タフ著、高山真由美訳『私たちは子どもに何ができるか』英治出版、2017、p.3
26. NPO 法人豊島子ども WAKUWAKU ネットワーク『子ども食堂をつくろう！人がつながる地域の居場所づくり』明石書店、2016
27. 埼玉高速鉄道埼玉スタジアム線 HP「SR の取り組み」https://www.s-rail.co.jp/about/csr/barrierfree.php（2021 年 6 月 6 日閲覧）
28. 厚生労働省 HP：他の主な法律における障害者等の定義 https://www.mhlw.go.jp/stf/shingi/2r98520000024z9y-att/2r98520000024zdr.pdf（2021 年 4 月 18 日閲覧）
29. 相模原市 HP：ユニバーサルデザインとは https://www.city.sagamihara.kanagawa.jp/kurashi/fukushi/1017128/1017129.html（2021 年 4 月 18 日閲覧）
30. 内閣府 HP「障害者基本計画」https://www8.cao.go.jp/shougai/suishin/kihonkeikaku.pdf（2021 年 6 月 6 日閲覧）
31. 厚生労働省「ホームレスの実態に関する全国調査（概数調査）結果」2018
32. NPO 法人 TENOHASHI：ホームレスって？ https://tenohasi.org/homeless/what/（2021 年 4 月 18 日閲覧）
33. 地域社会学会『新版キーワード地域社会学』ハーベスト社、2011、pp.316-317
34. 法務省 HP：国籍・地域別在留外国人数の推移 http://www.moj.go.jp/isa/content/930006222.pdf（2021 年 4 月 18 日閲覧）
35. 国土交通省『観光白書（令和元年版）』2019
36. 「南永田団地 在日外国人と交流促進へ」『タウンニュース』2021 年 4 月 1 日号 https://www.townnews.co.jp/0114/2021/04/01/567910.html（2021 年 6 月 24 日閲覧）
37. 農林水産省：消費者の部屋 https://www.maff.go.jp/j/heya/index.html（2021 年 4 月 18 日閲覧）
38. 石田正昭『JA の歴史と私たちの役割』家の光協会、2014
39. 山本辰義『漁協の組織・経営十章』漁協経営センター、2012
40. 高杉昇『図解 知識ゼロからの林業入門』家の光協会、2016
41. 昭島市商工会「商工会ロゴ」https://www.akishima.or.jp/?attachment_id=258（2021 年 6 月 24 日閲覧）
42. 大田一喜『経営者のための商工会・商工会議所 150％トコトン活用術』同文館出版、2019
43. 須恵町商工会　http://www.sue-sho.com/shoukoukai.html（2021 年 4 月 18 日閲覧）
44. 観光庁 HP：観光地域づくり法人の概要 https://www.mlit.go.jp/kankocho/content/001370439.pdf（2021 年 4 月 18 日閲覧）
45. 観光庁 HP：観光地域づくり法人（DMO）とは？ https://www.mlit.go.jp/kankocho/page04_000048.html（2021 年 4 月 18 日閲覧）
46. つくばみらい市社会福祉協議会：「社協シンボルマーク」https://www2.tm-shakyo.jp/organization/mark.html（2021 年 4 月 18 日閲覧）
47. 全国社会福祉協議会 HP https://www.shakyo.or.jp/index.html（2021 年 4 月 18 日閲覧）
48. 大津市社会福祉協議会『見える社協から、魅せる地域福祉へ、全国コミュニティライフサポートセンター』2019
49. 藤山浩『田園回帰 1％戦略』農文協、2015、pp.52-53
50. 恵那市：えなスクールネットワーク http://www.ena-gif.ed.jp/enakita-e/news/2015/0222/（2021 年 4 月 18 日閲覧）
51. 内閣官房・内閣府総合サイト地方創生：地方創生に資する金融機関等の『特徴的な取組事例』https://www.chisou.go.jp/sousei/meeting/kinyu/jirei.html（2021 年 4 月 18 日閲覧）
52. READY FOR HP https://readyfor.jp（2021 年 4 月 18 日閲覧）
53. 河井孝仁『ソーシャルネットワーク時代の自治体広報』ぎょうせい、2016、pp.70-78
54. 佐谷和江・須永和久・日置雅晴・山口邦雄『市民のためのまちづくりガイド』学芸出版社、2000、pp.149-157
55. 饗庭伸・小泉瑛一・山崎亮『まちづくりの仕事ガイドブック』学芸出版社、2016、pp.140-141
56. 総務省 HP：地域おこし協力隊とは https://www.soumu.go.jp/main_sosiki/jichi_gyousei/c-gyousei/02gyosei08_03000066.html（2021 年 4 月 18 日閲覧）
57. 矢崎英司『僕ら地域おこし協力隊』学芸出版社、2012
58. 三船康道＋まちづくりコラボレーション『まちづくりキーワード辞典第三版』学芸出版社、2009、pp.280-281
59. 世田谷まちづくりセンター『参加のデザイン道具箱』1993 年 8 月、p.10
60. 三橋伸夫『参加と協働のまちづくり・むらづくり』農林統計出版、2019
61. 木下勇『ワークショップ』学芸出版社、2007
62. 佐藤滋『まちづくり教書』鹿島出版会、2017、pp.178-179
63. 札幌市 HP：都心まちづくりプラットフォーム事業 https://www.city.sapporo.jp/kikaku/downtown/platform/platform.html（2021 年 4 月 18 日閲覧）
64. 静岡県 HP「沼津高架 PI プロジェクト」https://www.pref.shizuoka.jp/kensetsu/ke-830/kouka/kakoshiryou/pi/index.html（2021 年 4 月 18 日閲覧）
65. 後藤春彦『景観まちづくり論』学芸出版社、2007、pp.104-105
66. NPO 法人コミュニティビジネスサポートセンター：コミュニティビジネスとは？ https://cb-s.net/about/（2021 年 4 月 18 日閲覧）
67. 諫山正『コミュニティビジネスで拓く地域と福祉』ナカニシヤ出版、2018、pp.161-163
68. 室田昌子『ドイツの地域再生戦略 コミュニティ・マネージメント』学芸出版社、2010、p.14-15、235
69. 内閣府地方創生推進事務局 HP https://www.kantei.go.jp/jp/singi/sousei（2020 年 3 月 9 日閲覧）
70. 佐藤道彦・佐野修久『まちづくりイノベーション』日本評論社、2019、p.177
71. ECOZZERIA HP「丸の内仲通り「歩行者天国」化と公共空間のリ・デザイン」https://www.ecozzeria.jp/topics/daimaruyu/dmy1126.html（2021 年 7 月 2 日閲覧）

まちづくりの事例を読み込み、登場人物を読み取ろう

　新聞や雑誌などからまちづくりの活動に関する記事を選び、以下の4点に注意しながら、「活動に関わる登場人物」を書き出して、整理してみましょう。登場人物の整理が終わったら、次は登場人物同士の「関係性」を描いて、相関図を作ってみましょう。

STEP1　氏名や職業、年齢、活動における役割などが明記されている人物は、そのままピックアップして下さい。それらの一部しか分からない場合は、記事をゆっくり読み込んで想像してみましょう。

STEP2　記事には直接書かれていない人物も、見えないところで活動に関わっていることが予想されます。その活動を支えている職業や技術についても、推測で構いませんので、イメージを膨らませてみてください。

STEP3　おそらく、活動に取り組んでいる方以外でも、活動に関わっている登場人物はたくさん存在しているでしょう。例えば、あるまちづくりのイベントに「小学生が見学に訪れた」場合は、小学生たちだけではなく、小学生を引率してきた先生も登場人物の1人です。

STEP4　登場人物の関係性も、記事だけでは分からない場合があります。その時もSTEP1やSTEP2と同じく、あなたの想像で補完してみてください。

例えば…

学芸新聞　2021年（令和3年）10月21日（日曜日）16版

色んな出会いやコラボが生まれる場所へ

本洲町2丁目コミュニティカフェ「TU」

本洲町2丁目コミュニティカフェ「TU」の内観

　運営の大きな励みになったのは、ある高校教師からの一通のメールだった。本洲高校の教員でまちづくり部の顧問を務める所奈美子さん（28）は、「高校生がまちづくりの現場に関わり、地元をちづくりの活動に楽しく関わることができて嬉しい」と活動のやりがいを笑顔で語った。「本洲町のまちづくりの拡充をサポートする。まちづくり部の代表を務める田中啓太さん（17）は「本洲町にワクワクを」との思いで一念起起してTUを開設した。

　来年はクラウドファンディングを利用した交流スペースの拡充を予定。「来てくれた人たちが出会い、新しいコラボがどんどん生まれるような場所にしていきたい」と井上さんは話す。クラウドファンディングの目標金額は200万円で、問い合わせは電話番号＊＊＊＊＊＊＊＊＊、＊＊＊＊＊＊＊＊＊、齋藤代表。

　まちに「出会い」と「コラボ」を——本洲町2丁目に今秋、地域の拠点となるコミュニティカフェ「TU」がオープンした。古民家をリノベーションした店内にはカフェ空間のほか、展示・直売スペースや簡易ステージを整備。地域の人たちが飲食や打ち合わせ、買い物に訪れる。

　共同管理人の齋藤仁美さん（35）と井上優紀さん（32）は共に1児の母。自治会の会議で知り合い、「本洲町にワクワクを」との思いで意気投合。協力者の手も借りながら一念起起してTUを開設した。

　子供連れやカップル、高齢者、カフェに立ち寄る顔ぶれはさまざまだ。自治会の会議にも使われているという。展示・直売スペースには地元の若手農家が手掛けた有機野菜や卵、シニア陶芸クラブの作品が並ぶ。「母が陶芸クラブのメンバーで、TUオープンと同時に「置かせてほしい」と連絡があって」と齋藤さん。

新聞記事の例（内容は架空のものです）

次に、その活動を更に発展させたり、多くの住民に関わってもらうためには、相関図の中のどの登場人物が、何をすれば良いのか、以下の2点に注意しながら、考えてみましょう。

STEP 5 ▶ 相関図の中のそれぞれの登場人物の年代や職業、得意なことに着目して、各人に何ができそうか提案してみましょう。あなたの想像でも構いません。

STEP 6 ▶ 登場人物1人ではなく、相関図の中の2人や3人で協力して何ができるかも考えてみましょう。

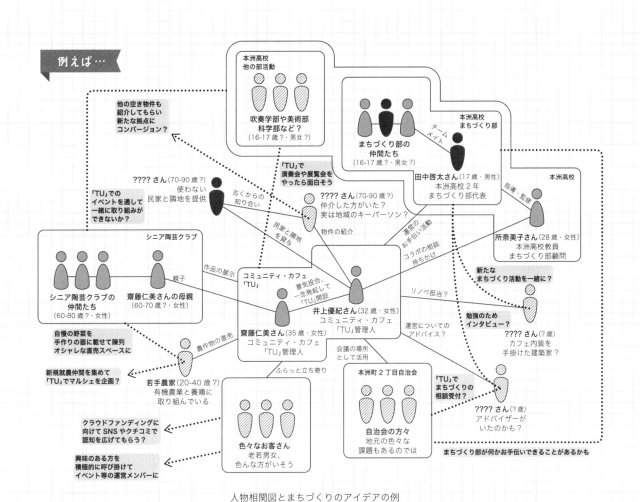

人物相関図とまちづくりのアイデアの例

memo

3章

まちに出会う

―― 計画・デザイン ――

1 | まちを見出す

0 まちを発見しよう

本章では、環境に焦点を当て、まちの特性や個性を捉えます。まちには、たくさんの個性的な場所が存在します。つくられた時代や関わった人が異なり、実に様々な表情を映しています。このような個性を活かしたまちの計画・デザインについても本章では学びます。

ここではまず、環境やその構成要素を知る前に、まちの個性を発見する「方法」を紹介します。まちづくりの先人たちが編み出した、まちを発見する方法とその楽しさ、そして役立て方を知ることから始めましょう。

1 まち歩き / タウンウォッチング

図1 樹木医と一緒に地域の桜並木の健康状態を調査するまち歩き（東京都世田谷区）

図2 地元住民による町並みガイド（新潟県佐渡市）

まずは、まち歩きからはじめてみましょう。それまで何気なく見過ごしていた風景も、意識的に眺めてみると、思わぬ面白さに気づくものです。歴史が残された建物や道、生活や文化と結びつく自然など、まちの新しい一面を発見できるのがまち歩きの醍醐味です。そして、まち歩きは、あなたの暮らすまちの魅力や問題を発見する効果的な手段でもあります[1]。さらに、だれかとその気づきを共有できれば、それがまちづくりのスタートです（図1）。また近年、まち歩きは新しい観光のスタイルとしても確立されはじめています（図2）。まちの見方や歩き方は、ただ1つの正解が存在するわけではありません。まちを熟知した人と一緒に歩けば、格段に風景の解像度が上がります。一方で、初めて訪れた人と一緒に歩いても、普段は気にも留めていなかった意外なまちの個性に気づかされることも多いです。それらの視点を持ち寄って多様な見方でまちを眺めれば、必ず新たな発見と学びが得られます[2]。

2 考現学 / 発見的方法 / 路上観察学

　まちをつぶさに観察する試みは、近年に始まったわけではありません。近代以降、都市問題や社会問題を追及し、解決しようとする専門家のなかには、自分の足で現場を歩き、自分の目で状況を観察し、人々の声に耳を傾ける人がいました。

　今和次郎（1888-1973）は関東大震災後の経験から〈考現学〉を提唱しました。〈考現学〉とは、庶民の生活にまつわるものを悉くスケッチやテキストで記録し、まちの現代性を捉えようとする学問です。今は、考古学と対比して、〈考現学〉と命名しました。〈考現学〉には生活する庶民の立場からまちを理解しようという姿勢があったことも特筆すべきことです[3]。

　〈考現学〉の流れを汲むまちの見方に〈発見的方法〉や〈路上観察学〉があります。住民の生活を意識したまちづくりを開拓した先駆者の一人に、建築家の吉阪隆正（1917-1980）がいます。早稲田大学吉阪研究室による〈発見的方法〉は、固定概念をなくしてまちを観察することで発見される人々の生活の本質やパターンをまちづくりに活かす理論です[4]。一方、美術家の赤瀬川原平（1937-2014）や建築史家の藤森照信（1946-）らによる〈路上観察学〉は、まちを観察する楽しさを伝えました[5]。

▶ 今和次郎（1888-1973）

〈考現学〉を提唱した今和次郎は建築学の研究者で、民俗学をベースに生活、住まい、環境を対象にフィールドワークを行い、各地の民家、生活にまつわる民具や道具をスケッチ・採集したことで知られる。早稲田大学で教鞭をとり、工学や建築学への人文的なアプローチを重視し、後には生活学も提唱した。

3 デザイン・サーベイ / 実測

　建物やオープンスペースのサイズや位置などを数値化し、図面として記録する調査を実測といいます（図3）。そして、実測によってまちや村の環境を記録する調査を〈デザイン・サーベイ〉といいます。

　高度経済成長期にあたる1960年代の日本では、伝統的集落を対象に〈デザイン・サーベイ〉が行われ、集落内の建物の配置や外観、間取りや建具などの内部空間、その環境における生活や共同体のあり様が記録されました。建築を構想、設計する素養として、人々や共同体と環境の関係を理解するべきとの問題意識が根底にありました。このような観察から、ヴァナキュラー（土着的）建築と呼ばれる地域の気候や風土に呼応した建物が再発見され、建築設計・デザインに大きな影響を与えました[6]。

　実測や〈デザイン・サーベイ〉は、取り壊される歴史的建造物の記録を目的にすることが多いのですが、近年はリノベーションによる建築の再生など、新しい空間デザインの創造につながるクリエイティブな調査としても注目されています。

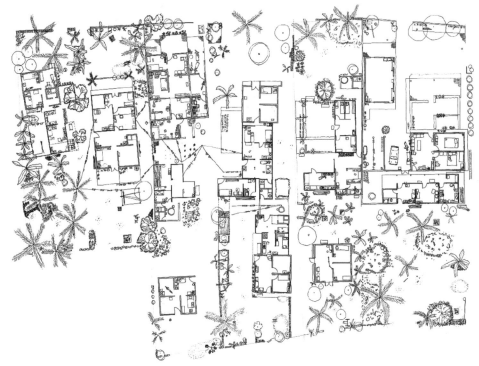

図3　インドネシア・ジャワ島 Plembutan 集落再建状況の実測図面（山崎義人ら作図）

4　地域文脈・コンテクスト

図4　周囲の町並みに調和するように間口がデザインされた現代建築（埼玉県川越市）

　まちの建物、敷地、街区には、過去から現代に連続する特性、一定の範囲に共通してみられる環境の特性が存在します。例えば、ある時代の町並みには、建物の外観から読み取れるデザイン上の共通項があります。まちを単なる要素の集まりとして捉えるのではなく、言語における前後関係のように、時間的、空間的に連続した1つの組織として捉えるのが地域文脈という見方です[7]。そして、地域文脈は、町並み保存や景観計画などまちの計画・デザインに応用されています（図4）。〈パタン・ランゲージ〉（6章、p.160）を応用した埼玉県川越市の「町づくり規範」がよく知られています。

　地域文脈は、まちを取り巻く自然・地形との関係にも拡張することができます。例えば、自然災害に遭った地域では、以前の市街地や集落の位置を見直す必要があるかもしれません。その際、時間を長くとり、環境の範囲を拡げ、地形や気候、風土といった地域文脈を読み直すことが有効だと考えられます[8]。

5 　地域資源・地元学

　地域に存在し、人々の生活や経済にとって有用なものを〈地域資源〉と呼びます（さらに細かく見ていくと、文化資源、自然資源、人的資源などに細分化されます）。単に資源と言うときとの違いは、非移転性（地域性）、有機的連鎖性、非市場性の3つです。非移転性（地域性）とは、空間的に移転が困難な地域的存在であること、有機的連鎖性とは、地域内の諸地域資源と相互に有機的に連鎖していること、非市場性とは市場で取り扱われる消費財のようにどこでも供給できるものではないことを意味します[9]。環境と社会と密接に関連する〈地域資源〉は、地域独自の文化を創り出します（図5）。

図5　山中にひっそりと存在する、地域の近代農業を支えた井戸と用水路（新潟県佐渡市宿根木）

　熊本県水俣市での実践がよく知られる〈地元学〉は、人、文化、生業、自然といった〈地域資源〉に注目し、その価値と力を活かして環境や生活を構築しました。自ら調べる、考える、まとめる、つくる、役立てる、というプロセスを経ることで、本当の意味でまちを理解し、発見された〈地域資源〉を活かすことができるというのが〈地元学〉の理念です[10]。

6 　オーラルヒストリー

　まちの人々の記憶や思い出を聞き取り、記録することを〈オーラルヒストリー〉といいます。過去のまちの姿、人々の暮らしやまちづくりの取り組みなどを知ることができます。写真や文書のみでしか知ることができないまちの姿を、当時を知る人の言葉で生き生きと語ってもらうことで、かたちに残っていない思い出話や出来事から、その時代を生きた人々の思いとともにまちの記憶を発掘することができます（図6）[11]。

図6　かつての暮らしぶりを住民から聞き取る調査（新潟県佐渡市宿根木）

7 　聖なる場所

　〈コミュニティ・デザイン〉を提唱したランドルフ・T・ヘスター（Randolph T. Hester、1944-）は、まちづくりのために必要な地図をひとつだけつくるならば、迷わず〈聖なる場所〉の地図を描くだろうといいます[12]。〈聖なる場所〉とは、まちの人々が経済的利益を代償にしても残したいと考える場所で、図7はその一覧を地図に表したものです。人々の行動を注意深く観察し、

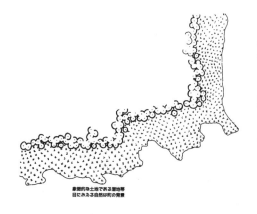

人々から話を聞くことで、まちの〈聖なる場所〉は発見されます。名所旧跡や景勝地のようにまちの歴史文化や自然を代表するものだけでなく、小さな郵便局やレストラン、手づくりの公園など、日常生活において人々が大切にしている場所も含まれます。人々が〈聖なる場所〉の存在を認識すると、まちが目指すべき方向が明確になるといいます。

象徴的な土地である湿地帯
目にみえる自然は町の背景

図7　マンテオの〈聖なる構造〉（文献2より引用）

8　歳時記・フェノロジー

図8　人々を引き寄せる上野公園の桜（東京都台東区）

図9　旧正月に各地で行われるどんど焼き
（東京都世田谷区）

　日本には四季があり、春夏秋冬の風景があります。そして、季節に応じた自然の変化、人々の暮らしや地域の行事は、まちの風景を特徴づけます。満開の桜、赤や黄に染まる紅葉など、季節の移ろいを感じられる印象的な風景はみなさんのまちでも見かけるでしょう（図8）。また、旬の食べ物や食文化、祭りなど、私たちの暮らしや文化は季節と密接な関係をもちます（図9）。

　このような季節の行事や暮らしをまとめたものを〈歳時記〉といいます。また、特に自然に注目し、動植物の年間の変化を捉えることを〈フェノロジー（生物季節暦）〉といいます。季節や気候の影響を受けにくい環境設計がなされ、その変化を感じづらい現代の都市でも、〈歳時記〉や〈フェノロジー〉を通じてまちを見つめ直せば、季節ごとに現れるまちの個性を楽しむことができるでしょう[13]。

CHAPTER 3

2 まちの構成要素

0 要素を理解して全体を知る

　次に、まちを基本的な要素に分解して読み解いてみましょう。まちに存在する多様な要素を一つひとつ確認すると同時に、それらがまち全体を成り立たせる部分であることを意識しながら読み進めるのがポイントです。さらに、まちづくりとの関わりも意識して、各要素にまつわる人々の営みにも注目しましょう。

1 建物・住まい・敷地

　まちには多種多様な建物が存在します。人々が暮らす住宅（一戸建ての住宅、アパートやマンションなど集合住宅の違いもあります）。日々の生活で買い物をする商店。地域、国、あるいは世界の経済を動かしているオフィスビル。職人の手で、あるいはハイテクな機械でものづくりが行われる工場。このほか、学校、保育園、高齢者福祉施設、映画館、劇場、市役所、図書館、寺社仏閣などがあります（図10〜18）。これらが集積することで、まちが成り立ち、私たちの日常が支えられています。建物を注意深く観察してみると、まちの個性に気づくでしょう。

　建物の多様性は、町家、長屋、近代建築、看板建築、近代和風、現代建築といったデザインや様式にも現れます。古い時代の履歴やランドマークとしての象徴性をもつ建物は、唯一無二の〈地域資源〉として地域住民によって大切に保存・活用され、まちづくりの活動拠点になっていることが少なくありません[14]。

図10　土蔵造りの町家（埼玉県川越市）

図11　神社建築［神田明神］（東京都千代田区）

図12　城郭建築［熊本城］（熊本県熊本市）

図13　教会建築［ニコライ堂］(東京都千代田区)

図14　近代洋風建築［旧岩崎邸］(東京都台東区)

図15　看板建築［旧桜井商店］(埼玉県川越市)

図16　近代建築［髙島屋百貨店日本橋本店］
(東京都中央区)

図17　近代建築［国立西洋美術館］
(東京都台東区)

図18　現代建築［金沢21世紀美術館］
(石川県金沢市)

図19　住宅地の風景を特徴づける生垣
(東京都大田区)

図20　都市郊外にみられる屋敷林 (千葉県柏市)

▶ 屋敷林

まちの郊外や農村の大きな屋敷を囲うように配された植栽の総称（図20）。東北地方のイグネ、富山県の砺波平野、島根県出雲地方の築地松がよく知られ、屋敷林を備えた農家群が独特の景観を形成している。

▶ オープンガーデン

個人の庭を一般市民に公開する取り組み。長野県小布施町、北海道恵庭市をはじめ、全国でまちじゅうの庭を一斉公開するイベントが開催され、地域内外の人々が風景を成す〈地域資源〉としての庭を楽しんでいる。

建物が立つ土地のことを敷地といいます。建物と同じように、敷地にも個性があります。通り沿いに建物が連なる商店街、生垣や庭の植栽が連なる閑静な住宅地など、敷地の使われ方によって風景は特徴づけられます（図19）。都市郊外では、**屋敷林**を配する風景もみられます。敷地内の建物や植栽は個人の所有物ですが、一方で通りの町並みをつくり、虫や鳥の生息する場所となり、住民にも日常の風景として親しまれるなど、「共有価値」を生み出しています。近年はプライベートの庭を公開する**オープンガーデン**を行うまち、ヒートアイランド現象への対応やCO_2排出量の低減を狙いとして生垣や庭の設置を奨励するまちも増えています[15]。

また、計画やデザインという点でも敷地は大切な単位です。敷地全体の使い方や法律による**建築規制**の基準になるからです。相続をきっかけに敷地が細分化もしくは統合されると、良くも悪くも町並み自体が変化します。地域の風景を維持するために、敷地の大きさの変更や建物の高さ制限のルールをつくり、居住環境をコントロールするまちもあります。

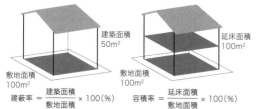

建築面積
50m²

敷地面積
100m²

$$建蔽率 = \frac{建築面積}{敷地面積} \times 100(\%)$$

建蔽率は敷地面積に対する建築面積
の割合(上記では50%)。

延床面積
100m²

敷地面積
100m²

$$容積率 = \frac{延床面積}{敷地面積} \times 100(\%)$$

容積率は敷地面積に対する延床面積の割合(上記では100%)。

図21 建蔽率、容積率の図。敷地の位置によって、そこに建てられる建物の最大限度(高さ、広さ)や用途は制限される

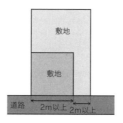

敷地

敷地

道路　2m以上　2m以上

図22 接道義務。建物が建てられる敷地は、道路に2メートル以上接している必要がある

▶ 建築規制

「建築基準法」「都市計画法」は、敷地の特性(位置、大きさ、形状など)に応じて、建物の規模や用途を制限する(図21、22)[16]。このような建築規制によって、日照や通風が確保された良好な住環境、整然とした秩序ある市街地や統制された景観が形成され、土地の高度利用が可能となる。

---

2 街路

　まちのなかで誰もが利用でき、人が移動するための空間を街路といいます。幅がゆったりしている歩道、歩行者専用道路など、車を気にせずに歩くことができる街路は、人々が顔を合わせ交流し、立ち止まって話をすることもできる憩いの場でもあります。近年、**ウォーカブルシティ**をはじめ、歩行者優先のまちづくりや政策が進められています。道路を歩行者優先の街路や広場に転換する計画やデザインは各地で試みられています[17]。

　街路のデザインは、街路の幅、街路樹、街路に面した建物の高さや外観、舗装など、様々な要素で特徴づけられます[18]。みなさんのまちにも、サクラ並木、イチョウ並木、ケヤキ並木など、地域のシンボルとして季節の移り変わりを楽しませてくれる並木道があるでしょう(図23)。近年は、〈**グリーンインフラ**〉の1つとしても、街路樹の重要性が高まっています。また、舗装のデザインも街路の印象を大きく左右します。神社の境内や参道の石畳のように、場所の個性を際立たせ、沿道の町並みにさりげなく貢献します(図24)。また、風景に調和する意匠や色彩がデザインされたり、地元産の建材を利用したストリートファニチャーなども街路のデザインを引き立てています。

▶ ウォーカブルシティ

車中心のまちから、歩く人間中心のまちへ転換する政策。「居心地が良く歩きたくなる」まちとして国土交通省が推進している。まちなかが人間の生活の舞台となり、まちに賑わいを取り戻すことを目的としている。

図23 イチョウ並木の街路樹と日本大通り
(神奈川県横浜市)

▶ グリーンインフラ

コンクリートやアスファルトで覆われた市街地に緑を戻し、増やそうとする政策・計画。人間にとって必要な緑を増やすことで、ヒートアイランド現象対策、防災減災、インフラの維持管理コストの低減といった効果が期待されている。

図24 石畳と塀が昔ながらの雰囲気を残す路地
(東京都新宿区)

3 広場・公園

図25　ヨーロッパ都市の広場（イタリア・ボローニャ）

図26　近世から景勝地として親しまれてきた［洗足池公園］（東京都大田区）

図27　参加のデザインを用いて計画された［ねこじゃらし公園］（東京都世田谷区）

図28　子どもたちが自分の責任で自由に遊ぶ［羽根木プレーパーク］（5章、p.138）（東京都世田谷区）

　広場や公園は、まちの人々が集い、交流する場であり、まちのシンボルです。ヨーロッパのまちには、中心部に必ずといってよいほど、市民の自慢の広場があります（図25）。日本のまちでは、広場よりも公園が身近な存在でしょうか。市街地内に存在する都市公園は、まちの近代化によって徐々に整備されました[19]。公園の緑は、人工的な都市に潤いをもたらす貴重な存在です。日常生活の憩いの場としても公園は欠かせませんし、災害時に人々が避難する場所としても機能します。景勝地や歴史的な邸宅など、まちの歴史文化を象徴するものもあります（図26）。整備された経緯、規模、想定される利用者の範囲によって様々な種類の公園があります（表1）。

　公園のポテンシャルはそれだけではありません。様々な人々が利用する公共空間として、まちづくりの舞台となりうる場です。例えば〈参加のデザイン〉（2章、p.62）を用いて、地域住民の人々の意見を取り入れ整備された公園もあれば（図27）、住民グループが共同管理する公園も増えています。住民の参画によって、公園は地域に密着した存在になります。子どもたちが自由に遊べる〈プレーパーク〉（5章、p.138）も、まちづくりによって生み出された公園の1つです（図28）。

表 1　都市公園の種類

種類	種別	内容
住区基幹公園	街区公園	もっぱら街区に居住する者の利用に供することを目的とする公園で誘致距離 250 m の範囲内で 1 箇所当たり面積 0.25 ha を標準として配置する。
	近隣公園	主として近隣に居住する者の利用に供することを目的とする公園で近隣住区当たり 1 箇所を誘致距離 500 m の範囲内で 1 箇所当たり面積 2 ha を標準として配置する。
	地区公園	主として徒歩圏内に居住する者の利用に供することを目的とする公園で誘致距離 1 km の範囲内で 1 箇所当たり面積 4 ha を標準として配置する。都市計画区域外の一定の町村における特定地区公園（カントリーパーク）は、面積 4 ha 以上を標準とする。
都市基幹公園	総合公園	都市住民全般の休息、観賞、散歩、遊戯、運動等総合的な利用に供することを目的とする公園で都市規模に応じ 1 箇所当たり面積 10 〜 50 ha を標準として配置する。
	運動公園	都市住民全般の主として運動の用に供することを目的とする公園で都市規模に応じ 1 箇所当たり面積 15 〜 75 ha を標準として配置する。
大規模公園	広域公園	主として一の市町村の区域を超える広域のレクリエーション需要を充足することを目的とする公園で、地方生活圏等広域的なブロック単位ごとに 1 箇所当たり面積 50 ha 以上を標準として配置する。
	レクリエーション都市	大都市その他の都市圏域から発生する多様かつ選択性に富んだ広域レクリエーション需要を充足することを目的とし、総合的な都市計画に基づき、自然環境の良好な地域を主体に、大規模な公園を核として各種のレクリエーション施設が配置される一団の地域であり、大都市圏その他の都市圏域から容易に到達可能な場所に、全体規模 1000 ha を標準として配置する。
国営公園		主として一の都府県の区域を超えるような広域的な利用に供することを目的として国が設置する大規模な公園にあっては、1 箇所当たり面積おおむね 300 ha 以上を標準として配置する。国家的な記念事業等として設置するものにあっては、その設置目的にふさわしい内容を有するように配置する。
緩衝緑地等	特殊公園	風致公園、動植物公園、歴史公園、墓園等特殊な公園で、その目的に則し配置する。
	緩衝緑地	大気汚染、騒音、振動、悪臭等の公害防止、緩和若しくはコンビナート地帯等の災害の防止を図ることを目的とする緑地で、公害、災害発生源地域と住居地域、商業地域等とを分離遮断することが必要な位置について公害、災害の状況に応じ配置する。
	都市緑地	主として都市の自然的環境の保全並びに改善、都市の景観の向上を図るために設けられている緑地であり、1 箇所あたり面積 0.1 ha 以上を標準として配置する。但し、既成市街地等において良好な樹林地等がある場合あるいは植樹により都市に緑を増加又は回復させ都市環境の改善を図るために緑地を設ける場合にあってはその規模を 0.05 ha 以上とする。（都市計画決定を行わずに借地により整備し都市公園として配置するものを含む）
	緑道	災害時における避難路の確保、都市生活の安全性及び快適性の確保等を図ることを目的として、近隣住区又は近隣住区相互を連絡するように設けられる植樹帯及び歩行者路又は自転車路を主体とする緑地で幅員 10 〜 20 m を標準として、公園、学校、ショッピングセンター、駅前広場等を相互に結ぶよう配置する。

注）近隣住区＝幹線街路等に囲まれたおおむね 1km 四方（面積 100 ha）の居住単位
　　（出典：国土交通省 HP　https://www.mlit.go.jp/crd/park/shisaku/p_toshi/syurui/）

4 街区・近隣

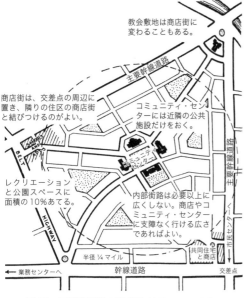

余裕のある開発地では面積は160エーカーが望ましい。いずれの場合でも、住区には1小学校を必要とする人数を居住させる。
どのような形をとるかは重要なことではないが、中心までの距離が、どの周辺部からも等距離（円形）であるのが理想的である。

教会敷地は商店街に変わることもある。

商店街は、交差点の周辺に置き、隣りの住区の商店街と結びつけるのがよい。

コミュニティ・センターには近隣の公共施設だけをおく。

レクリエーションと公園スペースに面積の10%あてる。

内部街路は必要以上に広くしない。商店やコミュニティ・センターに支障なく行ける広さであればよい。

半径¼マイル

共同住宅と商店

← 業務センターへ　幹線道路　交差点

図29　近隣住区論の概念図（文献20より引用）

四方を街路、道路で囲われた範囲を街区といいます。街区は、町名や住所を区切る単位となっている場合が多く、社会的なまとまりを構成する単位でもあります。〈市街地再開発事業〉（p.94）、〈土地区画整理事業〉（p.94）、〈地区計画〉（p.99）などは街区ごとに実施されることが多く、まちづくりを考える際の基本的な単位といえます。

同じようにまちづくりを考える基本単位に近隣地区があります。近隣地区は、おおむね5,000人が住み、徒歩で行き来できる範囲を指します。日本では〈ニュータウン〉建設に、近隣地区単位で生活圏を築いて居住性を高める〈近隣住区論〉が応用されました（図29）[20]。〈近隣住区論〉は、アメリカの都市計画家クラレンス・ペリー（Clarence Arthur Perry、1872-1944）によるコミュニティの適正規模と市街地空間のモデルを示した理論です。5,000人が居住する近隣住区に、コミュニティ・センター、小学校、中学校、日用品の商店街、公園などを計画的に配置することで快適な住環境を構築できると考えられています。

5 公共施設

図30　アートの拠点「3331アーツ千代田」として利活用された旧中学校校舎（東京都千代田区）

まちには住民が共同で利用するコミュニティ・センター、図書館、市役所、文化施設、学校などの公共施設があります。公共性が高く、個人で整備できない規模の施設を整備するのは、行政の役目です。公共施設は原則として、地域の人口やアクセスを考慮して公正に配置されます。

近年は、公共施設の管理費が財政に負担をかけていることから、民間事業者に管理を委託する指定管理者制度が導入されるようになりました。民間運営によってサービスが向上し、利用が活性化する例もあります。しかし、収益性に偏って一部の住民にとって利用しづらい施設になってしまわないよう、注意が必要です。また近年は、少子化による廃校をはじめ、人口減少によって公共施設が未利用のまま老朽化していることが問題視され、リノベーションや利活用による再生が試みられています（図30）。公共施設の再生をきっかけに、地域を活性化できるかどうかが注目されます。

6 小学校区・中学校区

　私たちがひとつのまちとして認識する範囲の一例に、小学校区や中学校区が挙げられます。小学校区・中学校区とは、1つの小学校、中学校に通う子どもたちが居住している範囲のことです。学区とも呼ばれます。学区は、幼少から思春期に過ごす地域で、学校内の様々な活動や出来事を通して交友関係が築かれます。また、PTA（2章、p.57）やクラブなど、学区単位で展開する活動では、他の世代の住民と出会い、交流する機会もあります。したがって、学区は、様々な活動が重なり合い、まちの社会関係を生み出す単位といえます。前述の〈近隣住区論〉や〈ニュータウン〉（p.95）の計画では、学区を単位に公共施設や商業施設が整備されています。

7 水系・水循環

　普段利用する水はどこからやってきてどこへいくのか、知っている人は意外と少ないかもしれません。川や水路は、近代の治水を重視した河川整備によって生活空間から遠ざけられてしまいました。しかし、気候変動により頻発する河川氾濫は、市民が身近な川に関心をもち、利水・治水と向き合うことを求めています（図31）[21・22]。

　地上に降り注いだ雨は、高いところから低いところへ移動し、やがて1つの川になって海へ流れ着きます。このような水の流れとまとまりを水系といい、その範囲を流域といいます（図32）。自然災害抑制だけでなく環境負荷低減という観点からも、流域内の水循環をコントロールすることはこれからのまちづくりにおける最重要課題の1つといえます[23]。加えて、川は貴重なオープンスペースとしての価値ももち合わせています。レジャー、レクリエーション、スポーツ、身近な〈環境学習〉の場として最適です（図33）。近年は、河川空間の新しい利活用を進める〈ミズベリング〉（5章、p.151）に取り組むまちが増えています[24]。水辺に触れる機会が増えれば、大災害時代に欠かせない治水への意識が高まり、〈流域治水〉という難しい課題にも住民主体で取り組んでいくことができるでしょう。

図31　市街地内の用水路［鞍月用水］（石川県金沢市）

図33　公園として親しまれている多摩川河川敷
（東京都世田谷区）

▶ 流域治水
　気候変動の影響や社会状況の変化などを踏まえ、〈ハザードマップ〉の作成、避難空間の確保、公共施設での雨水の貯留や地下への浸透、土地利用の転換、遊水池の整備を進めるなど、河川の流域全体で協働して行う治水対策を指す。

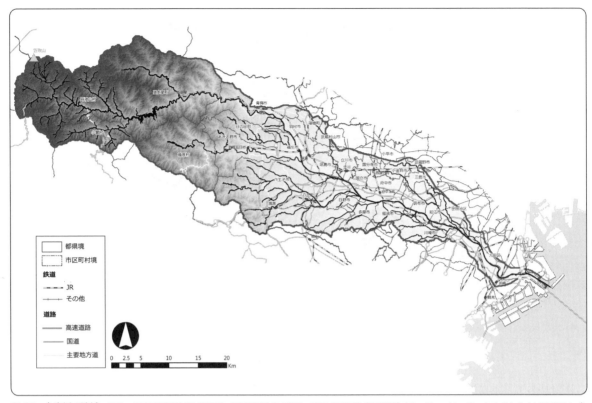

図32　多摩川の流域　（出典：京浜河川事務所 HP「(TRM) 多摩川流域全体の概要」の図に著者加筆（川を強調）https://www.ktr.mlit.go.jp/keihin/keihin00481.html）

8　都市近郊農地

▶ **生産緑地制度**

都市の中で農家が農地を維持し、農業を継続しやすくする制度。一定期間農業を継続することを条件に、宅地と同じように課される市街地の農地への固定資産税と相続税が減免される。

図34　都市郊外の農地（千葉県柏市）

▶ **農福連携**

担い手を求める農家（農業分野）と就労機会を求める障がい者（福祉分野）が連携することで、両者の課題を解決する取り組み。障がい者福祉の分野では、就労機会だけでなく、農作業による医療効果や地域社会との接点といったメリットが期待されている。

戦後、都市内や周辺の農地は市街地の拡張にともなって宅地造成の対象となり、急速に減少しました。都市部では農地の減少を食い止めるため、**生産緑地制度**が導入され、減少の速度を抑えています（図34）。他方、中山間地域の農村では、少子高齢化や担い手不足により、手入れされずに荒廃した耕作放棄地が増加しています。

しかし近年では、食への関心の延長で農への関心が高まり、都市農業や都市近郊農地に期待されるポテンシャルも複合化しています。食の安全安心はもちろん、地産地消など輸送コストを抑制するエネルギー的観点、障がい者などの一次産業雇用を推進する**農福連携**、ヒートアイランド対策や雨水の貯留効果などを期待する〈グリーンインフラ〉のアプローチなどです[25]。特に一般市民が小規模に営農できる〈市民農園〉（図35）のニーズが近年高まっており、多くの自治体が〈市民農園〉を開設しています。民間による同様のサービスも増えています。このような農園の開設によって農地の減少に歯止めをかけることが期待されます[26]。

図 35　市街地内の市民農園（東京都世田谷区）

9　山林・里山

　市街地に近接する山林は日本各地に数多く現存します。今も
たくさんの動植物が生息し、かつてはまちに住んでいる人々が
生活に必要な食料、燃料、建材などを調達していましたが、生活
様式の変化やグローバル経済によって、次第に利活用されなく
なりました。日本の国土に広がる自然の4分の3は人の手が入っ
た自然で、そのような自然環境を〈里山〉といいます（図36）。
日本固有の自然や自然観を理解するうえで、〈里山〉は重要な
概念です[27]。人の手が入らなくなった〈里山〉の現状は深刻で、
このまま放置され続けると、環境と文化の荒廃を招く一方です。

　このような状況に対して、再生可能エネルギーの調達、〈里山〉
由来の資源を活かした新しい商品開発など、山林や〈里山〉の
価値が再評価されるようになりました。また、適性に管理され
ている山林は水を涵養し、雨水をゆっくりと時間をかけて下流
に流す役割を果たし、災害抑止の機能があることも注目されて
います。

図 36　集落の後背地に広がる里山（新潟県佐渡市）

10　道路・交通

　まちなかでの移動、まちからまちへの移動には、自動車道と
しての道路が不可欠です。人の移動はもちろん、私たちの生活
に必要な物資の流通も支えています[28]。しかし一方で、巨大な
インフラ建造物がまちを分断し、子どもや障がい者にとっての
バリアになり、交通事故のリスクを高めるなど、ネガティブな
側面があるのも事実です。これからの時代は、車社会を脱して
歩行者中心のまち、自転車を活かしたまちづくりが求められ、
道路（特に広幅員の道路）の機能とデザインは多くのまちで問
い直されています（図37）。歩道にベンチやオープンカフェを
設置するなど、交流や賑わいを創り出す街路としての再編に、
期待が向けられています[29]。

図 37　歩行者専用化された［日本大通り］
（神奈川県横浜市）

図38 まちのシンボルとして親しまれている［田園調布駅］（東京都大田区）

普段の生活で、鉄道やバスなどの公共交通機関を利用している人も多いでしょう。鉄道は、まちの構造や規模、その計画に大きな影響を与えています。特に大都市は主要駅を中心としてまちが形成されるため、駅周辺は日々たくさんの人が訪れる重要な意味をもつ空間です。また、駅舎は、まちのシンボルとして愛される存在であり、大切に利用されることが多いです[30]（図38）。

CHAPTER 3
3 ｜ まちの成り立ち

0 まちの成り立ちを知る

参考図：本節における時代区分

どのようなまちにも、固有の物語があります。地形や気候風土を踏まえ、社会情勢に影響されて、まちは発生します。さらに政治や経済の変化を受けて、発展や衰退を経験しながら、現在の姿を成しています。このようなまちの成り立ちは、土地利用、現存する建物、敷地形状、過去の都市計画の痕跡や履歴など、まちの風景から確認できます。

本節では、時間や時代に焦点を当ててまちの個性を捉えます。まちの成り立ちは多くの共通する特徴があり、見方のコツがあります。現代の風景を手掛かりに、まちの成り立ちを探ってみましょう。

1 近世まで ── 徒歩と水運によってできた町や村

図39 果樹園が広がる農村（山梨県甲州市）

まずは、まちの原型を探ります。近代化の影響が色濃い目の前のまちの風景も、近世の制度や出来事、当時の文化圏や経済圏の影響を少なからず受けています。まちの立地、規模、構造、過去の主要な産業から、まちの原型を探ってみましょう。

① 村・集落

生活と生産の場が一体となって職住近接の共同体空間を形成する農村、山村、漁村などを集落と呼びます。集落の風景は、地

形、気候、風土と密接な関係にある生業によって特徴づけられます（図39、40）。集落を構成する建物の大きさや形状、配置や密度は集落の立地や生業によって異なります。

また、農山漁村にみられる**講、結、もやい**といった共同体を支える仕組みは、社会関係が希薄化する現代において改めて注目される概念の1つです。共同体の構成員同士のつながりや結束の強さを重視し、集団による力を活かそうとしている点が特徴です。

② 港町

日本史の授業で聞く、**北前船**という言葉を覚えていますか。島国である日本は、近代初期まで海運・舟運が物流の主流でした。その海運・舟運を支えていたのが港町です（図41、42）。港町は、廻船問屋が軒を連ね、海運・舟運の拠点として栄えました。天然の良港や汐待の港という言葉があるように、港町は船を安全に停泊しやすい場所に形成されました。河口に位置する港町では、川の舟運で周辺地域の産物が集積する利点ももっていました[31・32・33]。

明治期に入ると、全国に鉄道が敷設されます。その結果舟運は次第に廃れ、多くの港町はかつての賑わいを失いました。一部の港町は、港湾機能を拡張して近代的な貿易港、または近代的な造船業や工業を営む産業都市として発展しました。近世の港町は、海岸沿いに町家や舟屋が高密度に建ち並び、独特の風景をもっていました。一方、近代に発展した港町は港湾施設、レンガ倉庫群が建ち並んでいます。どちらの港町でもその特徴的な風景が観光やまちづくりに活かされています（図43）。

③ 宿場町

近代以前、人の移動は陸上の交通が主流でした。江戸期には全国各地に街道が張り巡らされ、**五街道**をはじめ、街道沿いには宿場町が形成されました。宿場町は、参勤交代で江戸と領地を行き来する大名、伊勢参りなどの寺社参詣や湯治目的の旅をする庶民によって利用され、繁栄しました。城下町の町人地と同様に、間口が狭く奥行きのある敷地形状に特徴があります。建物が近代化された現在でも、その敷地形状がそのまま残されていることが多いです（図44）[34・35]。

近代以降の交通網の再編にともない、宿場町の姿は大きく2つに分かれました。街道が幹線道路になった場合、宿場町は近代化を遂げました[36]。一方、街道が幹線道路から外れた場合、宿場町はかつての佇まいを残しました。後者では、まちづくりの先駆例として知られる妻籠宿（長野県南木曽町）、奈良井宿（長

図40　棚田が広がる山村（新潟県長岡市）

▶ **講、結、もやい**
田植え、屋根の葺き替えなど、多くの時間と労働が必要な作業を、庶民が相互に扶助する仕組み、集団のこと。地域や目的によって、名前は異なり、地方により現在も存続しており、伊勢講や富士講など一生に一度の旅を実現する講もある。

▶ **北前船**
江戸期から明治中期にかけて、大阪から北海道（当時は松前藩）まで、瀬戸内海、日本海沿岸の港に寄港し、各地で米、特産物、工芸などを売買していた廻船を北前船といい、航路は西廻り航路という。太平洋の沿岸を東回りに航行していた廻船は菱垣廻船。

図41　狭い土地に建物がひしめき合う港町
（新潟県佐渡市）

図42　料亭街として賑わった港町
（新潟県佐渡市）

図43　近代に発展した港町の赤レンガ倉庫
（神奈川県横浜市）

▶ **五街道**

江戸と京都を結ぶ東海道、中山道。甲州（現在の山梨県）を経由して中山道に接続する甲州街道。陸奥（現在の東北地方）へ向かう奥州街道。日光東照宮へ向かう日光街道。これら江戸の日本橋を起点とする主要な5つの街道を五街道と呼ぶ。人、物、情報の移動と交流を活発にさせ、文化の発展と醸成に寄与してきた。

図44　大山街道沿いの旧宿場町（神奈川県川崎市）

図45　浅草寺の仲見世（東京都台東区）

図46　伊勢神宮の門前町・おはらい町（三重県伊勢市）

▶ **環濠**

集落が成立した当時の社会情勢から、防衛上の目的で集落の居住域を囲うように設置された堀や水路のこと。

野県塩尻市）など、〈町並み保存運動〉が展開しました[36]。

④ 寺社地・門前町・寺内町

寺院や神社がまちのひとところに集積していることがあります。このようなエリアを寺社地や寺町といいます。そして、寺社地の周辺に形成されたまちを門前町、寺内町といいます。門前町は、寺社へ参詣する人々によって賑わう市が参道沿いに発展してできたまちです。東京・浅草寺門前の仲見世通り（図45）、京都・清水寺門前の産寧坂、伊勢神宮前のおはらい町（図46）などは現代も賑わいを維持しており、観光地としてよく知られています。寺内町は、特定宗派の寺院の周辺に檀家が集住してできたまちです。関西地方に多くみられ、まちが**環濠**で囲われるなど、独特の都市形態をもっています[37・38]。

⑤ 城下町

地方都市の7割は、城下町に由来するといわれます。城下町とは、近世に発展した都市形態で、城郭を中心とする構造をもっています。大名が居住する城郭を中心に、その周りに武士や庶民が生活しており、当時の身分や社会的地位が反映された明快な土地利用でした。一般的な形式として、城郭から近い順に、武家地、町人地、および寺町が設けられます（図47）。武家地には比較的規模が大きい敷地が多く、塀や生垣で囲われた庭園付きの屋敷が建ち並んでいました（図48）。その外側に配された町人地は、奥行きのある細長い敷地に町家形式の住宅が軒を連ねていました（図49）[40]。

城下町の位置や周辺環境は極めて計画的にデザインされました。自然の河川を利用し、人工的な運河や用水がまちなかに配され、物流、防衛（惣構え）、庭園の遣水（やりみず）、防火、農業用水といった機能を果たしていました。また、〈山あて〉といって、地域のシンボルとされる山との位置関係がまちの街路の方向を決めていました。このように、自然との関係が城下町の風景を特徴づけています[41]。

明治期以降、役割を終えた広大な城郭は近代的な施設用地に転用され、まちの近代化を後押ししました。城郭跡が公園（城址公園）や官公庁施設、文化施設として利用されている例は多くみられます。また、かつての武家地は閑静な住宅地、町人地は商店街に転じるなど、街区や敷地形状の特徴は現代のまちに残されています。

⑥ 在郷町

城下町から離れたところに位置し、交易により経済が発展し、都市的な機能を備えたまちを在郷町といいます。在郷町は、街道沿いなど交通の要所に位置し、周辺の集落から生産物が集積する利点をもち、町内では商工業が発展しました（図50）。町家が建ち並び、密度の高い居住域がつくられ、祭礼や行事など都市的な文化が営まれるなど、城下町に似た性格をもっています[42・43]。

図48 街路の両側に生垣が連続する武家屋敷地の景観（鹿児島県知覧町）

図49 城下町の旧商家町（埼玉県川越市）

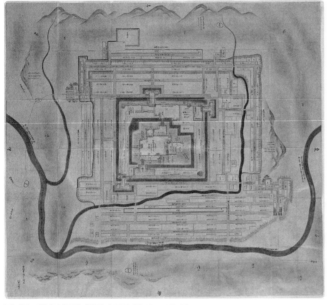

図47 篠山城下町絵図（正保年間 1644-1648）
（出典：『丹波笹山城之絵図』国立公文書館デジタルアーカイブより取得）

図50 水運で栄えた在郷町・佐原（千葉県香取市）

2 近代 ── 鉄道と産業の発展によってできた市街地

急速な近代化のなかで、都市部では商工業が発展し人口も急増しました。この成長過程で、都市は近代都市計画に則して整備されるようになります。住宅地や商工業が集積する区域が生まれ、人々の移動と生活を支える鉄道、路面電車、バスなどの公共交通が整備されます。その結果、現代にも通じる職住分離（住まいと職場が離れたところにある）の生活スタイルと都市構造が定着しました。

① 商店街

都市の人口が増加すると商品経済が定着します。都市住民の生活に必要な商品を供給する商店街が形成されます。八百屋、魚屋、肉屋、米屋など、特定の種類の商品を専門に取り扱う小規

図51　鉄道駅の近くに形成された商店街
（東京都世田谷区）

図52　懐かしさや郷愁を感じる谷中銀座商店街
（東京都台東区）

図53　日本で初めてオフィス街が建設された丸
の内（東京都千代田区）

図54　昭和初期に鉄道沿線として郊外に開発さ
れた学園都市（東京都世田谷区）

模な小売店舗が軒を連ねていきました。地方中小都市では中心市街地に、大都市では鉄道駅や幹線道路など人々の移動の結節点に商店街が形成されます（図51）。人々が集まる商店街は地域の住民同士が交流する場所となり、地域の文化を担うまちの中心でもありました。

　2章で学んだように、まちづくりの舞台としての商店街は様々課題を抱えていますが、昨今は一昔前の雰囲気を残した商店街が生活文化を楽しむ観光の対象として親しまれるなど、新たな可能性に注目が集まります（図52）。

② オフィス街・官庁街

　政治や経済の中心となる大都市や中核都市では、企業の事務所や商業施設が集積するオフィス街、行政機能の中枢となる官庁街が形成されました。城下町の旧城郭や旧武家屋敷地など、それ以前の中心地から転換した例も多いです[44,45]。オフィス街、官庁街は、近代の都市計画と建築の特徴がよく現れています。欧米の都市デザインが取り入れられた幅が広く街路樹が設えられた通りと、矩形の街区が形成されました（図53）。都心の官庁街はゆったりとした敷地に近代建築が厳かに悠然と構えています。一方、オフィス街では、道路（歩道）に面して中高層のビルが林立します。

③ 郊外住宅地・学園都市

　大正期から昭和初期にかけて、都市周縁部に都心で働くサラリーマンとその家族の住居確保のために造成されたのが郊外住宅地です。鉄道会社の沿線開発事業として利用者の増加を狙った路線拡張にも後押しされ次々に建設されました[46]。東京では田園調布や常盤台、関西では池田、宝塚、箕面が代表例として知られています[47,48]。

　鉄道会社はそのほかにも様々な沿線開発を進めています。その1つが、大学キャンパスの誘致と学園都市の建設です。東京では大泉学園、国立、成城学園（図54）、大岡山などがよく知られています。このほかにも、劇場、遊園地、ショッピングセンターなど余暇・レジャー施設をもつ住宅地が形成されました[49,50,51]。

④ 木造密集市街地

　まちの周縁部の住宅地建設だけでは住宅不足は解消されず、農地など不整形な土地で非計画的に形成された市街地が急増します。木造の戸建て住宅が密集して建設された場所を木造密集市街地、略して「木密」と呼びます。木密地域はオープンスペースが少なく、車両の通行も困難な面もありますが、身体スケ

ールに合い、迷宮に足を踏み入れたような感覚を味わえる路地空間は格好のまち歩きスポットになっています（図55）[53]。

⑤ 地場産業産地

あなたのまちには、ほかのまちにはない特別な産業はありますか。伝統工芸から最先端のハイテクな産業まで、特に地域の自然地形や気候風土、歴史的背景によって成り立つものづくりを地場産業といいます。日本各地に集積する中小規模の事業者たちの営みは、個性的な風景を生み出しています（図56）。

しかし、経済のグローバル化によって産業構造が転換したことで、地場産業産地は厳しい経営状況に置かれています。近年では観光の視点を戦略的に組み込む地域も増えており、東京都大田区の［おおたオープンファクトリー］、新潟県燕市と三条市の［燕三条 工場の祭典］などがよく知られています[54]。観光客の来訪は、産地への関心とともに産業自体への興味を広げることにつながることから、産業の再生と刷新、経営の安定化が試みられています。

⑥ 工場倉庫街

流通や貿易の拠点となる港町や大都市の臨海部には、倉庫が集積する地域があります。例えば、近代に建設されたレンガの倉庫群は横浜、函館、舞鶴など各地で観光施設や文化施設に再生されています[55]。このように、産業が集積してきたまちに軒を連ね、歴史を物語る工場や倉庫群も、まちの個性であると同時に貴重なストックとして活用されています。

図55　木造密集市街地の路地（東京都新宿区）

図56　ノコギリ屋根の織物工場が集積する桐生（群馬県桐生市）

3　現代 ── 戦後・高度成長以降の市街地

最後に、戦後・高度成長以降のまちの変化をみてみましょう。第二次世界大戦による戦災からの復興、その後の高度経済成長によって、日本のまちは大きく変化しました。私たちに馴染みある風景は、戦後に建設・開発されたものが大半を占めています。一方、社会が成熟期（縮退期）に移行した今課題となるのが、前時代に築かれた大量で大規模な都市環境の維持管理あるいは縮小です。個性と問題を発見し、未来のまちづくりへ接続することが必要とされています。

① 刷新された中心市街地

中心市街地や鉄道駅の周辺には大規模な商業施設、オフィス、集合住宅、あるいはこれらの複合施設が集積しています。大規

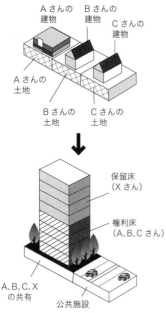

図57　市街地再開発事業のスキーム
（文献56より引用（一部変更））

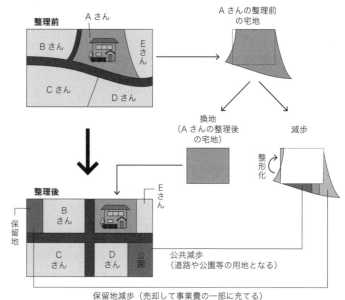

図58　土地区画整理事業のスキーム（文献57より引用）

▶ **同潤会**

同潤会は、関東大震災後（1923年）に内務省（当時の政府機関の1つ）が震災の義援金を出資して設立した住宅供給公社で、被災した東京と横浜の市街地に庶民向けの住宅を供給した。都心に建設された集合住宅は、その後の集合住宅の設計・計画やデザインに大きな影響を与えた。

図59　復原された［同潤会ア
パートメント］（東京都渋谷区）

模かつ高層のビルの多くは、〈市街地再開発事業〉（以下、再開発）によって建設されたものです。再開発は「土地の合理的かつ健全な高度利用と都市機能の更新を図ることを目的」に、低層の建物が建ち並ぶ市街地を大規模なビルに建て替える開発を指します。たくさんの人が所有する土地と建物の権利と利益を維持しながら行われています（図57）[56]。

　再開発と同じように、既存の市街地を改善する事業に〈土地区画整理事業〉があります。〈土地区画整理事業〉は、碁盤の目のような格子状の街区が連続する市街地をつくりだします。土地所有者の権利と利益を維持しながら、道路の幅を広げ、公園を新設し、市街地の居住性と利便性を改善します（図58）[57]。第二次世界大戦後に、全国の都市で戦災復興として〈土地区画整理事業〉が行われ、多くの人にとって馴染みのある鉄道駅前広場などが整備されました[58]。

② マンション・集合住宅地

　日本では、戦後に一戸建てや持ち家をステータスとする考え方が広まりましたが、この数十年で都市部では、複数の世帯が集合して居住するマンションも一般的な住宅形態となりました。特に都心部では、限られた土地で密度高く居住する必要から、集合住宅が主流になっています。日本の集合住宅の先駆けは、関東大震災後に**同潤会**が建設した［同潤会アパート］とされています（図59）。戦後に大量の住宅供給が必要とされると、都心部だけでなく、郊外の公営住宅や〈ニュータウン〉でも集

合住宅が建設されました。

　一般的にマンションは建物を専有部分と共有部分に分け、建物と土地を区分所有する住民（所有者）が、廊下やエレベーターといった共有部分を共同で管理します。区分所有は優れた仕組みですが、老朽化による建替えの際に、権利関係を整理する必要が生じています。

③ 郊外の団地・ニュータウン

　高度経済成長期は日本各地で地方から大都市へと人口が一挙に流入し、住宅不足が生じました。その解消のために、計画的かつ一体的な開発で建設されたのが「日本住宅公団（現 UR都市機構）」などの公社が手掛けた団地や〈ニュータウン〉です。［千里ニュータウン］［高蔵寺ニュータウン］［多摩ニュータウン］［港北ニュータウン］（図60）が代表例として知られています。前時代の郊外住宅地と同様に、都心部で働く人が居住するまちとして建設されました[59]。〈ニュータウン〉建設は自然の破壊をともなう大規模な開発だったため、スタジオジブリの映画「平成狸合戦ぽんぽこ」にも描かれていたように、反対運動や批判もありました。港北ニュータウンでは、民有の緑地を保存し、自然地形を活かした公園や緑道が整備され、開発による影響が抑えられています（図61）。

④ 郊外のスプロール市街地

　大都市での深刻な住宅不足を解消したのは、公的な開発だけではありません。都市近郊に広がる農地の私的な住宅開発も盛んでした。手あたり次第、無計画に進む虫食い状の建設をスプロールと呼びます。非計画的なスプロール市街地開発の問題点は、農地の減少、非効率な土地利用やインフラ整備にあります。小さくてコンパクトな都市が目指される現代においては、スプロール市街地を解消しながらも、より効率的に集まって住むことができるインフラを整備することが重要です。

⑤ 超高層マンションのまち

　昨今は、居住世帯数が300戸を超える大規模なマンションが次から次に建設されています。100メートルを超えるいわゆるタワーマンションが各地に見られるようになりました（図62）。ハイクラス、ラグジュアリーなイメージから高価格で販売され、人気を博しているようです。**総合設計制度**により、足元にオープンスペースが設けられていることも特徴です。

　しかし、華やかさの裏で不安視されているのは、老朽化による修繕費の負担、高額な管理費とその持続的な仕組みについて

▶ **ニュータウン**
第二次大戦中にイギリスの大都市圏構想として開発された都市モデルの1つ。日本の千里ニュータウンは〈近隣住区論〉（p.84）に基づいて中学校校区を単位とした。コミュニティ施設や商店街を中心に豊かなオープンスペースをもつ集合住宅が配された近隣住区が形成され、住宅地の建設と共に社会関係の構築が計画された。

図60　港北ニュータウン（神奈川県横浜市）

図61　グリーンマトリックスと呼ばれる緑道

図62　タワーマンション（東京都新宿区）

▶ **総合設計制度**
総合設計制度は、敷地内に居住していない人も利用可能な公開空地を設けることにより、都市計画で定められたよりも高い建物を建設することが可能になる建築基準法のルール。

です。タワーマンション建設による人口の急増は、まちの暮らしにも大きな影響を与えます。まちの公共施設や、町内会、自治会をめぐる新旧住民間の関係構築など、様々な問題が生じています。災害時に想定される課題は深刻なため、十分な対策や協議が必要とされています。

⑥ 大型ショッピングモールのまち

モータリゼーション、車社会の進展によって、郊外の幹線道路沿いに大型小売店舗やいわゆるショッピングモールが建設されるようになりました。特に地方都市では、郊外に広がる農地が開発されて、大型小売店舗が次々と建設されました。その結果、中心市街地が衰退し、シャッター商店街や空き店舗が発生しています。自動車を所有している人々にとっては便利な存在ですが、交通渋滞を発生させるなど、新たな問題を引き起こす原因にもなっています。

近年は、都市再生を目的に都心部の鉄道駅前でも、大型ショッピングモールがみられるようになりました（図63）。

図63　ショッピングモール（東京都世田谷区）

⑦ 工場跡地

近代以降、市街地は住商工の土地利用が混在した状態で開発されてきました。しかし都市計画上では用途の混在は望ましくないとされ、工場の郊外移転が推進されたことでまちなかに工場跡地が発生しました。現在では、〈市街地再開発〉や〈土地区画整理〉によって、有効活用、高度利用が図られ、巨大な商業施設やオフィスとして再生されています。東京をはじめとする大都市では、工場跡地の再開発は都市を再生する起爆剤になると積極的に進められています（図64）[60]。

しかし工場跡地には、いわゆる**ブラウンフィールド（汚染土壌）**も存在し、安全性に配慮した転用が求められます。例えば、ガス工場跡地だった［東京都中央卸売市場豊洲市場］（2018年）が話題になりました。海外では、公的支援を通じてブラウンフィールドが再生されています[61]。

図64　鉄道操車場跡地を転用した汐留シオサイト（東京都中央区）

▶ ブラウンフィールド

土壌や地下水が汚染されているなど、有害物質が残存しているために、跡地の利活用が困難になっている土地を指す。単なる跡地ではなく、人体に無害な環境への再生が必要なため、都市再生を阻害するだけでなく、都市を衰退させる要因とされる。

まち独自の計画ルール

0 まちの個性を活かすために

　最後に、まちの計画やデザインについて考えましょう。ここまで、3つの観点からまちの個性を紐解いてきました。みなさんが住んでいるまちと照らし合わせることで、地元の魅力に改めて気づき、課題も発見できたのではないでしょうか。まちの個性を守り育てるため、まちの問題を解決するために、どのような計画やルールが必要か考えてみましょう。

1 ビジョン・構想

　まちづくりは、目の前にある課題や困難を解決する取り組みです。しかし活動の根底には、関わっている人たちそれぞれが目指すまちの将来像がきっとあるはずです。このようなあるべき姿をビジョンや構想と呼びます。まちの個性や市民の要望に基づいて描かれるビジョンは、唯一無二、そのまちだけのものです。まちの人々にしっかり共有されたビジョンは、個別に展開するまちづくりの活動を束ね、1つの方向性を与えます[62]。

2 まちのマスタープラン（行政による都市計画）

　ビジョンや構想を描くことは、計画という行為の基盤といえます。行政による都市計画も同様で、ビジョンや構想は〈総合計画〉、〈都市計画マスタープラン〉に描かれます。私たちがまちで日々目にする開発事業は、10〜20年後の都市の将来像と整備方針を示す〈都市計画マスタープラン〉に位置づけられています。1992年の都市計画法改正で、基本的には市町村ごとに〈都市計画マスタープラン〉を策定することが義務づけられています。策定の際は市民参加の機会を設けることが義務づけられており、〈パブリックコメント〉や〈ワークショップ〉で募った市民の意見を反映させます[63]。

▶ **総合計画**
自治体が策定する最も上位の計画で、様々なテーマのマスタープランや計画は〈総合計画〉に沿って策定される。

〈都市計画マスタープラン〉のほかにも、緑地を整備する〈水と緑のマスタープラン〉、福祉、教育、環境に関する計画など、まちづくりに関連する様々なテーマのマスタープランや計画があります。

3　自主的なまちづくり計画

〈都市計画マスタープラン〉は、都市計画運用指針に基づいて策定されるため、どのまちのマスタープランもある程度類似してしまう現状があり、まちの個性が十分に反映されているマスタープランはそう多くありません。一方流山市や日野市などでは、こうしたマスタープランの制約に縛られず、自主的に市民版マスタープランがつくられました。多くの市民の意見を丁寧に聞き取っており、行政の策定したマスタープランに比べて、市民の考えとまちの個性がよく活かされたプランとして高く評価されています[64]。近年では、高知県佐川町や徳島県神山町のマスタープランなど、一部のまちで個性的な法定マスタープランも生まれています。このような動きがより一層拡大することが期待されます。

4　まちづくり協定

▶ **建築協定**
　建築基準法によって規定される協定で、範囲や期間を定め、建築物の敷地、位置、構造、用途、形態、意匠、建築設備などに関する基準を設けることで、良好な住環境の保全などを目的に締結される。

▶ **緑地協定**
　都市緑地法によって規定される。保全あるいは植栽すべき樹木の種類や位置などを規定し、まちの緑化を促進することを目的に締結される。

　まちの良好な環境を保全し、居住性や利便性を向上させるために、土地と建物の所有者（デベロッパーを含みます）がつくる約束事を、任意の〈まちづくり協定〉といいます。ビジョンがしっかり共有されていれば、こうしたルールや約束事を設けるだけで、都市空間そのものが良質に保たれ、着実に改善されます。協定は、居住者の生活の質や不動産の価値を高め、地域コミュニティの活動を促すメリットがあります。〈**建築協定**〉や〈**緑地協定**〉など、法律に基づく協定もあります（図65）[65・66]。

図65　緑地協定で既存の樹林を保存しながら建設された集合住宅（東京都世田谷区）

5 条例に基づく様々なルール

　都道府県や市町村が制定する条例にまちづくりに関するものがあります。行政が計画を策定するための住民参加の手続きや、〈まちづくり協議会〉の制度など、まちづくり全般のルールを規定する条例から、自然環境や歴史的環境、景観の保全と形成を目的とする条例、防災や福祉の観点からまちづくりを推進する条例など、テーマに特化した様々な条例があります。「美の基準」（5章、p.142）で自然と文化的な景観を開発から保護する真鶴美の条例やまちなかでの大規模開発を抑制するために市民によって策定された国立まちづくり条例がよく知られています。条例は法的な強制力や拘束力をもたないため、条例に反する合法的な事業や開発が生じることもあります。効力に限界はありますが、〈景観法〉のように、ローカルなまちづくりの条例制定が、新たな法律制定につながることもあります[67]。

6 地区計画

　全国一律の基準を示す都市計画法、建築基準法の中に、まち独自のルールづくりを可能にする〈地区計画〉制度があります。〈地区計画〉は、一定範囲内に居住する人たちが議論を重ねながら、自分たちの地区の目標像を定め、独自の都市計画のルールを定める制度です。通常は、話し合いを進める〈まちづくり協議会〉などが組織されます。建物の規模や形状、用途を細かく指定することができ、居住性や利便性、防災機能の向上、環境の保全、景観の形成を後押しします。協定とは異なり、対象地区全体にルールが適用されます。ただし、〈地区計画〉の策定には住民の3分の2の同意が必要とされ、都市計画審議会の承認を得ることが必要になります[68・69]。

図66　地区計画によって建物の高さや壁の位置が統一された商店街（東京都目黒区）

7 町並み保存

　歴史的な建物が軒を連ねているまちでは、長年、伝統的な町並みを都市開発から守るまちづくりが行われてきました。1960年代に金沢市（石川県）の茶屋街や寺町、高山市（岐阜県）の商家町、長野県妻籠（長野県南木曽町）の宿場町など、**〈伝統的建造物群保存地区〉**での取り組みが先駆例です。独自の〈地域資源〉を保全する試みは、観光資源としての活用など

▶ **伝統的建造物群保存地区（伝建地区）**

文化財保護法で保護される文化財の１つで、「周囲の環境と一体をなして歴史的風致を形成している伝統的な建造物群で価値が高いもの」。2020年３月時点で123地区を数える[71]。伝建地区への指定は、地元住民の合意を経て、市町村が行う。

図67　保存運動で再生された町並み（新潟県佐渡市）

で地域経済を立て直します[70]。町並み保存型のまちづくりは、地域住民が主導する典型的なまちづくりの1つです。歴史的な建物の保護と新しい建物のデザインをコントロールする自主的なルールづくりによってはじめて、町並みは保存されるのです（図67、68）。

8　デザインコード・ガイドライン

図68　蔵造りの町家が並ぶ川越本町伝建地区（埼玉県川越市）

図69　デザインコードに従って新築された町家建築（埼玉県川越市）

　丁寧に整備されよく保全された町並みには、建物や敷地のデザインに一定の規則性があります。規則性やビジョンに基づいて町並みを守り、よりよいものに仕上げていくために有効なのが、ガイドラインや〈デザインコード〉です。開発行為に対して建物や敷地の標準的なデザインや具体的基準を提示・推奨することによって、町並みを緩やかにコントロールします。協定や条例に明文化されるガイドラインや〈デザインコード〉もあります（図69、70）[72・73]。

　本節で紹介した独自の計画ルールは、まちづくりを進めるうえで有効なツールになります。しかし計画ルールは、行政、開発事業者、地域住民といった関係者の理解と相互の協議があってはじめて機能します。したがって、計画ルールを運用する組織、内容を共有し、議論する仕組みづくりも非常に大切だといえます[74]。

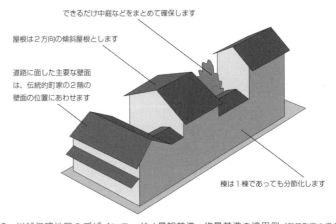

できるだけ中庭などをまとめて確保します

屋根は2方向の傾斜屋根とします

道路に面した主要な壁面は、伝統的町家の2階の壁面の位置にあわせます

棟は1棟であっても分節化します

図70　川越伝建地区のデザインコード／景観基準・修景基準の適用例（和風町家の場合）（文献74より引用）

まちの聖なる場所

[→ p.77]

あなたのまち、または大学キャンパスや最寄り駅の周辺の〈聖なる場所〉を発見してみましょう。みんなで一緒に取り組んで、互いの思いや考えを交換すると、より楽しく、発見も大きくなります。

STEP1 ▶ まず、地図を用意してください。Google Map など電子地図でもよいです。

STEP2 ▶ あなたにとっての大切な場所を思い浮かべて、地図上に書き込みましょう。

STEP3 ▶ なぜ大切な場所なのか、理由を書き留めましょう。

STEP4 ▶ 友達（もしくは家族）にとっての大切な場所とその理由を聞いてみましょう。

STEP5 ▶ あなたとほかの人の大切な場所が重なるかどうか、似ているかどうか、それはどのような場所なのか、互いに確認してみましょう。

例えば…

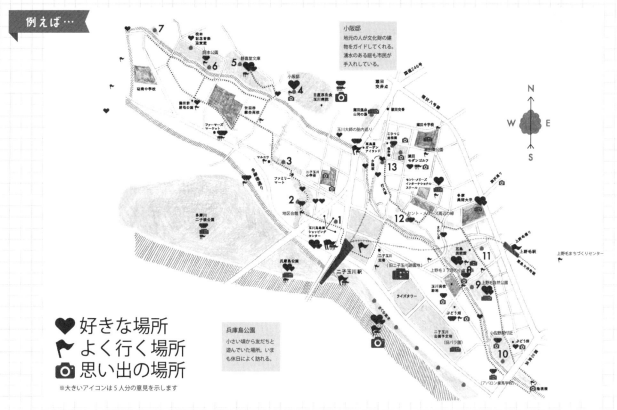

♥ 好きな場所
🏴 よく行く場所
📷 思い出の場所
※大きいアイコンは5人分の意見を示します

ワークショップで地元住民から聞いた〈聖なる場所〉を描いた地図。このワークショップでは、好きな場所、思い出の場所がどこかを質問した。（提供：NPO法人玉川にエコタウンをつくる会）

3章

ワークシート②

あなたのまちの過去の姿を調べよう

まちの過去と現在を比べて、まちの特徴を発見しましょう。過去につくられた地図や航空写真をみると、まちの変化した場所、変化していない場所、特徴を受け継いでいる場所がわかります。時間と変化を通して発見されるまちの特徴を捉えてみましょう。

STEP1 大学キャンパスや最寄り駅周辺、またはあなたのまちの過去の姿を確認しよう。地形図や航空写真など、定期的に作図、撮影されているものが比較するためには便利です。下記のサイトで、手軽で便利に地図や航空写真を閲覧できます。

┌─ **手軽で便利に地図や航空写真を閲覧できるサイト** ──────────────┐

今昔マップ
(https://ktgis.net/kjmapw/)

地図・空中写真閲覧サービス
(https://mapps.gsi.go.jp/maplibSearch.do#1)

└──┘

STEP2 過去と現在を比較して、変化している場所、変化していない場所、特徴が残されている場所など、気づいたことを書き上げましょう。

┌─ **調べてみたいポイント** ──────────────────────────────────┐

・昔から市街地や集落があったところはどのような場所でしょうか？
・神社や寺などは、どのような場所にありますか？
・川、丘、坂、崖など、自然地形は変化していますか？
・道路、鉄道、後からできた市街地が、いつ、どのような場所につくられていますか？
・いまは現存しない場所で気になるところはありますか？その場所は、現在どのような場所ですか？

└──┘

STEP3 まち歩きマップや〈ハザードマップ〉など、ほかの情報地図と比べてみましょう。まちの個性や課題をまちの変化と結びつけると、新たな発見や気づきを得られるに違いありません。

┌─ **調べてみたいポイント** ──────────────────────────────────┐

└──┘

参考文献

1. 山納洋『歩いて読み解く地域デザイン』学芸出版社、2019、pp.12-20
2. R・T・ヘスター著、土肥真人訳『エコロジカル・デモクラシー』鹿島出版会、2018、pp.417-418
3. 今和次郎『考現学入門』筑摩書房、1987、pp.358-370
4. 吉阪研究室「吉阪隆正、発見的方法　吉阪研究室の哲学と手法その1」『都市住宅』1975年8月号、鹿島出版会、1975、pp.12-13
5. 赤瀬川原平・藤森照信・南伸坊『路上観察学入門』筑摩書房、1993
6. 陣内秀信・中山繁信『実測術 サーベイで都市を読む・建築を学ぶ』学芸出版社、2001、pp.146-153
7. 秋元馨『現代建築コンテクスチュアリズム入門 環境の中の建築／環境をつくる建築』彰国社、2002、pp.242-256
8. R・T・ヘスター著、土肥真人訳『エコロジカル・デモクラシー』鹿島出版会、2018、pp.180-181
9. 総務省自治行政局地域振興課『地域資源の再発見』総務省、2007
10. 吉本哲郎『地元学をはじめよう』岩波書店、2008、pp.2-34
11. 早稲田大学後藤春彦研究室編『まちづくり批評 愛知県足助町の地域遺伝子を読む』ビオシティ、2000、pp.11-50
12. R・T・ヘスター著、土肥真人訳『エコロジカル・デモクラシー』鹿島出版会、2018、pp.129-148
13. 日本エコツーリズム協会フェノロジーカレンダー研究会『地域おこしに役立つ！ みんなでつくるフェノロジーカレンダー』旬報社、2017
14. 大河直躬・三舩康道編『歴史的遺産の保存・活用とまちづくり　改訂版』学芸出版社、2015
15. 流山市 HP：グリーンチェーン戦略 https://www.city.nagareyama.chiba.jp/information/1007116/1007365/1007482/1007483.html（2020年8月31日閲覧）
16. 日笠端・日端康雄『都市計画 第3版増補』共立出版、2015、pp.242-247
17. 国土交通省 HP：街路空間の再構築・利活用に向けた取組〜居心地が良く歩きたくなる街路づくり〜 https://www.mlit.go.jp/toshi/toshi_gairo_tk_000081.html（2020年8月31日閲覧）
18. 芦原義信『街並みの美学』岩波書店、2001、pp.49-73
19. 日笠端・日端康雄『都市計画　第3版増補』共立出版、2015、pp.148-155
20. クラレンス・ペリー著、倉田和四生訳『近隣住区論 新しいコミュニティ計画のために』鹿島出版会、1975
21. 高橋裕『川と国土の危機 水害と社会』岩波書店、2012、pp.16-40
22. 国土交通省 HP：流域治水プロジェクト https://www.mlit.go.jp/river/kasen/ryuiki_pro/index.html（2020年8月31日閲覧）
23. 岸由二『「流域地図」の作り方 川から地球を考える』筑摩書房、2013、pp.37-63
24. 泉英明・嘉名光市・武田重昭・橋爪紳也『都市を変える水辺アクション』学芸出版社、2015、pp.180-189
25. 山本雅之『農ある暮らしで地域再生 アグリ・ルネッサンス』学芸出版社、2005、pp.10-22
26. 西辻一真『マイファーム 荒地からの挑戦 農と人をつなぐビジネスで社会を変える』学芸出版社、2012
27. 篠原修編『景観用語辞典　増補改訂版』彰国社、2015、6刷、pp.166-167
28. 日笠端・日端康雄『都市計画　第3版増補』共立出版、2015、pp.135-148
29. 武田重昭・佐久間康富・阿部大輔・杉崎和久『小さな空間から都市をプランニングする』学芸出版社、2019、pp.18-36
30. 大河直躬編『都市の歴史とまちづくり』学芸出版社、1995、pp.111-113
31. 都市史図集編集委員会『都市史図集』彰国社、1999、p.174
32. 高橋康夫、宮本雅明、吉田伸之、伊藤毅『図集 日本都市史』東京大学出版会、1993、pp.268-271
33. 岡本哲志、日本の港町研究会『港町の近代 門司・小樽・横浜・函館を読む』学芸出版社、2008、pp.8-16
34. 都市史図集編集委員会『都市史図集』彰国社、1999、p.176
35. 高橋康夫、宮本雅明、吉田伸之、伊藤毅『図集 日本都市史』東京大学出版会、1993、pp.260-261
36. 全国町並み保存連盟編著『新・町並み時代　まちづくりへの提案』学芸出版社、1999、pp.156-160
37. 都市史図集編集委員会『都市史図集』彰国社、1999、pp.175-176
38. 高橋康夫、宮本雅明、吉田伸之、伊藤毅『図集 日本都市史』東京大学出版会、1993、pp.256-257
39. 篠山市教育委員会地域文化課編『篠山市篠山伝統的建造物群保存対策調査報告書』篠山市教育委員会地域文化課、2004、p.15
40. 高橋康夫、宮本雅明、吉田伸之、伊藤毅『図集 日本都市史』東京大学出版会、1993、pp.167-179
41. 佐藤滋、城下町都市研究体『新版 図説 城下町都市』鹿島出版会、2015、pp.8-9
42. 都市史図集編集委員会『都市史図集』彰国社、1999、p.175
43. 高橋康夫、宮本雅明、吉田伸之、伊藤毅『図集 日本都市史』東京大学出版会、1993、pp.262-265
44. 高橋康夫、宮本雅明、吉田伸之、伊藤毅『図集 日本都市史』東京大学出版会、1993、pp.282-283
45. 西村幸夫『県都物語』有斐閣、2018
46. 山口廣『郊外住宅地の系譜 東京の田園ユートピア』鹿島出版会、1987、pp.34-41
47. 都市史図集編集委員会『都市史図集』彰国社、1999、pp.178-179
48. 三浦展『東京高級住宅地探訪』晶文社、2012、pp.14-21
49. 都市史図集編集委員会『都市史図集』彰国社、1999、pp.178-179
50. 山口廣『郊外住宅地の系譜 東京の田園ユートピア』鹿島出版会、1987、pp.34-41
51. 三浦展『東京高級住宅地探訪』晶文社、2012、pp.14-21
52. 西村幸夫『路地からのまちづくり』学芸出版社、2006、pp.216-228
53. 東京都建設局 HP：木密事業の紹介 https://www.kensetsu.metro.tokyo.lg.jp/jimusho/sanken/doro_mokumitsu.html（2020年8月28日閲覧）
54. オープンシティ研究会・岡村祐・野原卓・田中暁子『まちをひらく技術 建物・暮らし・なりわい 地域資源の一斉公開』学芸出版社、2017、pp.29-42
55. 岡本哲志・日本の港町研究会『港町の近代 門司・小樽・横浜・函館を読む』学芸出版社、2008、pp.8-16
56. 国土交通省 HP：市街地再開発事業 http://www.mlit.go.jp/jutakukentiku/house/seido/06sigaichisai.html（2020年3月5日閲覧）
57. 国土交通省 HP（都市局・市街地整備課）：土地区画整理事業 https://www.mlit.go.jp/crd/city/sigaiti/shuhou/kukakuseiri/kukakuseiri01.htm（2020年3月5日閲覧）
58. 越沢明『復興計画 幕末・明治の大火から阪神・淡路大震災まで』中央公論新社、2005、pp.154-201

59. 都市史図集編集委員会『都市史図集』彰国社、1999、pp.179-180
60. 日本都市計画学会『60 プロジェクトによむ日本の都市づくり』朝倉書店、2011、p.124
61. 黒瀬武史『米国のブラウンフィールドの再生 工場跡地から都市を再生させる』九州大学出版会、2018
62. 饗庭伸・鈴木伸治ほか『初めて学ぶ 都市計画』市ヶ谷出版、2008、pp.100-107
63. 饗庭伸・鈴木伸治ほか『初めて学ぶ 都市計画』市ヶ谷出版、2008、pp.100-107
64. 渡辺俊一『市民参加のまちづくり マスタープランづくりの現場から』学芸出版社、1999、pp.7-11
65. 国土交通省 HP：建築協定 https://www.mlit.go.jp/jutakukentiku/house/jutakukentiku_house_tk5_000002.html（2020 年 3 月 3 日閲覧）
66. 国土交通省 HP：緑地協定制度　http://www.mlit.go.jp/crd/park/shisaku/ryokuchi/kyoutei/（2020 年 3 月 3 日閲覧）
67. 西村幸夫・町並み研究会『日本の風景計画 都市の景観コントロール到達点と将来展望』学芸出版社、2003、pp.8-9
68. 国土交通省 HP：地区計画等 http://www.mlit.go.jp/jutakukentiku/house/seido/kisei/chikukeikaku.html（2020 年 3 月 3 日閲覧）
69. 国土交通省 HP：地区のルールを決める話 https://www.mlit.go.jp/crd/city/plan/03_mati/08/index.htm（2020 年 8 月 31 日閲覧）
70. 日本建築学会編『まちづくり教科書 2 町並み保全型まちづくり』丸善、2005、pp.66-67
71. 文化庁 HP：文化財の紹介・伝統的建造物群保存地区 https://www.bunka.go.jp/seisaku/bunkazai/shokai/hozonchiku/（2021 年 4 月 16 日閲覧）
72. 日本建築学会編『まちづくり教科書 2　町並み保全型まちづくり』丸善、2005、pp.72-75
73. 西村幸夫編『まちづくり学』朝倉書店、2007、p.75
74. 川越市都市計画部都市景観課『川越市川越伝統的建造物群保存地区まちづくりガイドライン』（第 2 版）川越市役所、2020

4章

まちをつくる
プロセス

── 運動・運営 ──

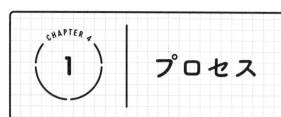

CHAPTER 4

1 | プロセス

0 まちづくり活動の流れを見渡す

　2章、3章でみてきた様々な人々やまちと関係を取り結びながら、いかに進めていくのか、そのプロセスをイメージしてもらうことを、本章では企図しています。小さなコトから動き出し、目標を定めて調べ物をしながら展開していき、ビジョンやロードマップを描き、プロジェクトを試行し、具体的なかたちに落とし込みながら、動きを定常化させつつ、多様な主体と連携していきます。こうした動きは、結果的に〈地域公共圏〉の形成に寄与していくことでしょう。また、次世代を育てながら、バトンを渡すまでの長年にわたるまちづくり活動の動きを見渡していきたいと思います。

1 動き出す

　だれかが問題提起して、個人や組織が呼応することで、まちづくりは動き出します。自分たちのまちをより良くしたいという思いをもつ市民が中心となって、主導的な立場で取り組みを展開していきます。そうでないと雲散霧消してしまいかねません。初動期は、自らのできることを持ち寄り、互いに一歩踏み出しつつ、まちに広げていくことが望まれます。

① 問題提起、予備的な検討

　動き出す時には、様々な結果をイメージし、プロセスや方法もできるだけたくさんの選択肢を用意し、予備的に検討しておきましょう。これが、のちのちの方向性を決めていく重要な基盤になっていきます。仲間たちと勉強会やセミナーを開いて、まちのあり方を議論したり、知識を増やしたりするのも良いでしょう（図1）。また、他地域のまちづくりの現場へ自分たちで視察に行ったり、行政や大学、コンサルタントなどの専門家にも協力を仰いだり、少しずつ人的ネットワークを広げて議論することで、まちがもっとよくなっていきそうだという機運を高めて

図1　勉強会への参加（熊本県氷川町）

いきましょう。特に、初動期はあまり資金的な援助が得られませんので、小さくできる範囲で試していくことが良いでしょう[1]。

② キーパーソンたちを知る

　まちの中には、すでに様々な取り組みを仕掛けている人々が存在し、日々多様な活動が行われています。そのようなまちの人間関係を把握しておくことは重要です。まちづくりを進めていこうとするときに意識しておきたいのは、ステークホルダー（利害関係者）と言われる人たちの存在です。まちの関係者に広く有意義なムーブメントにしていくために、また自分勝手に好き勝手に活動していると思われないように、きちんとコンタクトしておくことが大切です。地域にもよりますが、自治会・町内会などが相当するでしょう。特に、農山漁村や古い町など伝統的な地域社会の場合には、家の格などで序列があることも少なくありません。そうした地域の関係性をメンバー間でしっかり共有するためにも、ステークホルダーの全容がわかるように図化しておくのも良いでしょう（図2）。また、昨今ではNPOやボランティア団体も重要なステークホルダーです。団体の中には、必ずといってよいほど、活動を長く続けているリーダー的存在のメンバーがいます。さらに行政や企業の中にも、長年まちづくりに関わっている職員がいます。まちの有力者や有力な団体には挨拶をする、まちで開催されているイベントなどには積極的に参加するなどして、人を紹介してもらったり、直接的に訪ねてみたりすることで、連携できる仲間を増やすことが大切です[2,3]。

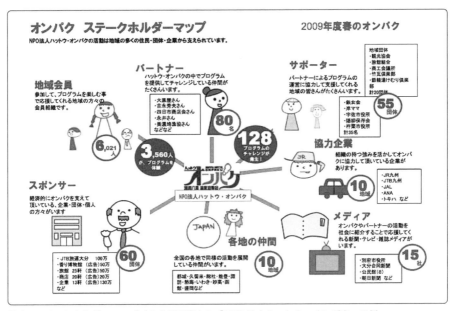

図2　ステークホルダーマップ／大分県別府市の「NPO法人ハットウ・オンパク」の例
（NPO法人ハットウ・オンパク「地域活性手法として　ハットウ・オンパクの展開」（2011、https://www.toyo.ac.jp/uploaded/attachment/4777.pdf）より引用）

③ チーム化する

　動き出していくと、まちづくり活動の中心となるコアメンバーが固まっていき、それぞれがどのような役割を担うのかも次第に定まっていきます。それを一定程度明文化することは、チームをつくるうえで大切なプロセスです（図3）。そのうち、協力的な友人知人、地権者、事業者、行政、専門家、メディアなど、関わりが深くなりそうな人や組織が見えてくるでしょう。多くの人々と連携すると、まちづくり活動をより円滑に展開していくことができるようになります。また、メンバーにはまちづくり活動へ積極的かつ主体的に参加してもらうことが重要ですので、チーム内外への情報提供や調整ごとも大切です。活動が展開しやすいよう、機動力もあり柔軟な立場にある若者を中心としたチームづくりを心がけましょう。一方で、繰り返しになりますが、まち全体でまちづくり活動が承認されやすいように、既存組織の有力者に話を通しておくことも、やはり肝要です[1,3]。

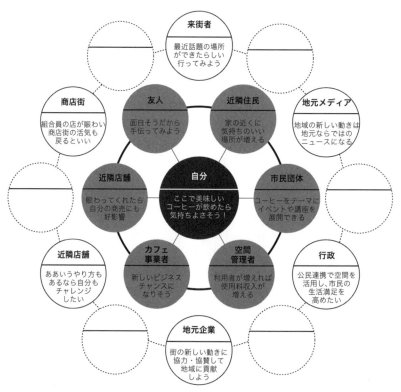

図3　チーム化する（出典：園田聡『プレイスメイキング』学芸出版社、2019）

④ 想いを共有する

　多くのまちづくりは、まちに暮らし関わる人々が「このままでは、まちが続いていかない」など、何らかの危機感や願いを抱くことから始まります。暮らす人だけでなくその地域で働く人々がまちのあり方に疑問を抱き、まちづくりを始めるケースも少なくありません。動き出した当初は知らないことも多く、戸惑う場面もあるでしょう。しかし、様々な人々に出会い情報を得ていくことで、次第に自分たちの構想やビジョンがかたちになっていきます。このように、何らかの願いや危機感・疑問から、どのようにまちを保全・改善できるのか、どうすれば自分たちや人々が豊かな暮らしを営むことができるのか、そうしたイメージや想いをチームやその周辺の人々と共有することが大切です[3・4]。

2　目標を設定する

　まちづくりを展開していくためには、「小学校を存続させたい」などハッキリした目標を定めることが大切です。多くの人々の参加を得て目標を設定することができれば、その実現に向けて人々は積極的に行動しはじめ、創造的な解決策も生まれやすくなります。また、自分たちの行動が当初の狙いから逸れていないか立ち返る軸にもなります。さらに、目標の存在自体が長期間にわたって取り組みを持続させたり、地域の大きな信頼獲得につながったりする効果もあります。

　目標を設定するためには、これまでに集めた情報をみんなに共有しつつ、まちの将来の方向性について意見交換していくことが望まれます。意見をすべて出し尽くしたうえで、多数決で意見の優先順位をつけていく〈ノミナル・グループ・プロセス〉という手法などが役に立ちます。〈ブレイン・ストーミング〉は、できるだけ多くの視点を参加者から引き出す発散型の議論に有効な手法です。また意見を集約して課題を構造化する〈KJ法〉（2章、p.63）なども用いられます[5]。ただし、人々の意見の相違が大きい時や、解決しなければならない問題が複雑で抽象的な場合や、長い時間を必要とするプロジェクトは、目標の設定が困難なこともあります。

　では、ここから、目標を設定するためのより具体的なアプローチを見ていきましょう。

図4　聞き取りの様子（神奈川県小田原市）

① 聞き取る／コミュニケーション

　アメリカのコミュニティ・デザイナーであるランドルフ・T・ヘスターは、まちづくりはコミュニティの話を聞くことから始めるべきだといいます。現代の情報は多くが視覚優位であるため、見た目に変化が現れやすい空間の改修などに注目が集まりがちですが、背後にある「見えない情報」を得ることが、聞き取り調査の最大の意義です（図4）。歩き見ただけでは得られない、隠れた地域文脈や社会的記憶が、まちづくりの大きなヒントになるかもしれません。ただし注意しておきたいのは、人の意見はそれぞれの主観だということです。言葉どおりそのまま受け取ればいいというものでもありません。表明された意見の行間を読み取る、つまり背後にある考え方を理解することが大切です[5・6]。

　また、話の聞き取りは、課題解決のための情報収集にとどまらず、まちの人々がまちづくりに関わっていくきっかけとしても活かすことができます。ただ会話するのではなく、画像や模型なども用いて、一般の人々が自分たちのまちや場所についてより良く理解し、関われるよう、双方向のコミュニケーションを心がけることが大切です。この手法の1つに〈オーラルヒストリー〉（3章、p.77）があります。人々とまちとの関係について、各自の人生という時間軸を聞き取って振り返りつつ、それをまちの空間に展開していくことができます。まちの社会的記憶をあぶり出し、まちづくりへの参画を促すコミュニケーション手法として知られています[5・7]。

② 地域住民や行政と付き合う

　まちづくり活動を動かしていくとき、何かしら協力やサポートをお願いすることになるのが自治体関係者です。とりあえず、活動にいちばん近い担当部局を訪ねて、自治体職員に相談してみましょう。行政は分野ごとに細かく縦割りで管理されているので、初めはたらい回しにされることもままあります。心を大きくもって、人脈を広げる好機と考えるのが得策でしょう。良い関係を築くことができれば、必要に応じてまちづくりの会議などに出席させてもらうチャンスがえられます。長く自治体と協働するためには、まちの〈総合計画〉や事業予算などに目を通しておくことも大切です。そのような計画策定や事業実施に参加するとさらによいでしょう。自分たちの活動に役立つ施策を把握し、その理解を深め自分たちの意見を反映していくことは、活動を大きく前進させるでしょう。

　また、行政以外にも強いネットワークをもつ組織はたくさん

あります。町内会、自治体、商店街やPTAなどは、まちの人脈や歴史に精通する頼もしい存在です（2章参照）。自分たちのまちづくり活動で得た知見を情報提供したり、相談にのってもらい、さらにはそれらの組織の活動をサポートするような顔の見える関係をつくったりと、信頼関係は大切です[4]。

表1　様々な統計

| 住宅・土地統計調査 |
| 国民生活基礎調査 |
| 商業統計調査 |
| 事務所・企業統計調査 |
| パーソントリップ調査 |

など

③　データ・計画を調べる

　まちの実態は、まち歩きや聞き取りだけでなく、統計データなどからも知ることができます。最も基本的なデータである人口や世帯数は、〈国勢調査〉や〈住民基本台帳〉で把握することができます。これを用いれば、過去の人口や世帯数の推移もわかります。こうした動態の延長線上に将来の人口や世帯数が予測でき、ひいては将来のまちの方向性を見通すことができます。また、都市計画法に基づいて、都道府県がおおむね5年ごとに実施している〈都市計画基礎調査〉も重要です。土地利用や建物用途の変化などを読み取ることができます。そのほかにも、表1に示すように様々な統計データがあります。統計データは一見すると空間概念がともなわない情報に思えますが、あえて物理空間に紐づけて〈マップ化〉することで、まちの実情として新たな一面を顕在化できることもあります（図5）[8]。

図5　既存データのマップ化（神戸市のある地区）

　また、あなたがまちづくりを行うまちが、どのようなビジョンや計画をつくっているのかを確認することも大切です。既存の計画は、まちづくりを行ううえで後押しになることもあれば、ときに制約になることもあるでしょう。例えば、あなたがまちの拠点をつくりたいとしましょう。敷地周辺の都市計画が定める内容によっては、建築行為に制限がかかることもあります。特に〈用途地域〉は、建てられる建物についての規制とセットになっているため、あらかじめ把握しておくことが大切です。さらに、地方自治体の〈総合計画〉や〈都市計画マスタープラン〉など個別のマスタープランも目を通しておくといいでしょう。〈自治基本条例〉など自治体がまちづくり条例（図6）を定めるケースも増えていますので、これも確認が必要です[8]。

　さらに、それらの計画や条例の策定に積極的に参加していくのもよいでしょう。

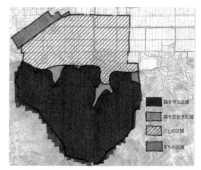

図6　兵庫県のある集落の通称「緑条例」の土地利用区分

図7　まちを歩く（石川県加賀市の加賀橋立）

図8　マップにまとめる（東洋大学での演習）

図9　暗渠化された水路の上の道路（東京都渋谷区）

④ まちを歩く

　最も重要な情報源は、現場で得られるまちの豊かな体験です。まちを歩くと様々な気づきがあります（図7）（3章、p.74）。見たことや気づいたことは、言葉やスケッチなどでひたすら記録しましょう。それは、なぜそのことを気に留めたのか、その理由や意味を後で考えることにつながります。まちづくりの先達である延藤安弘（1940-2018）は「探検・発見・ほっとけん」というフレーズを用いて、まち歩きでの発見からまちづくりが展開していくプロセスを説明していました。デジタル機器などで記録するよりも、自らの足で歩き、自らの手で記述するという身体の体験の方が、発見につながりやすいでしょう。また、発見した事柄は、1:2,500や1:10,000の地形図などを用いてマップにまとめるのが通例です。ともに歩いた人たちの意見や写真などを1枚の地図にまとめることで（図8）、全員の発見が共有されます。また、まちの空間的な構成や地域文脈を解釈することができます[6]。

⑤ 成り立ちを読み取る

　一見すると関係なさそうな地形・地質への理解も、まちの個性を知ることにつながっています。地質は山や崖、海や河川など地形の形成に影響を与え、その地形がまちの立地や気候風土、地域環境をつくりだしています。最も基本的な資料として参考になるのは、国土地理院の発行している1:25,000の地形図です。書店などで入手すると良いでしょう[6]。

　地形の形成過程を考えることは、まちを多角的に捉え直すための糸口になります。例えば、周辺の道路とは無関係に曲がりくねった緑道を見かけたことはありませんか？こうした道の多くは、かつての河川や水路が、暗渠になってできた道です（図9）。このように、今ではわからなくなった歴史をたどることは、まちの解釈の幅を広げ、固有の〈地域資源〉を見つけるヒントになります。絵図や古地図、古写真（図10）などを使って、各時代・年代を比較することも、まちの変容をつかみ、形成過程を知るうえで有効です。また、まちの成り立ちを読み解くヒントになるのが、地名です。日本の地名には、地形を伝えるものが多くあり、山、川、田、海、森、島、谷など、元々の地形を意味するものが多いためです[6,8]。〈ハザードマップ〉で、災害の可能性を捉えることも大切です。

⑥ マップ化する

　ここまでで得られた様々な情報を、1:2,500〜1:10,000の地

図10　明治時代の横浜太田町の様子
（撮影：臼井秀三郎）

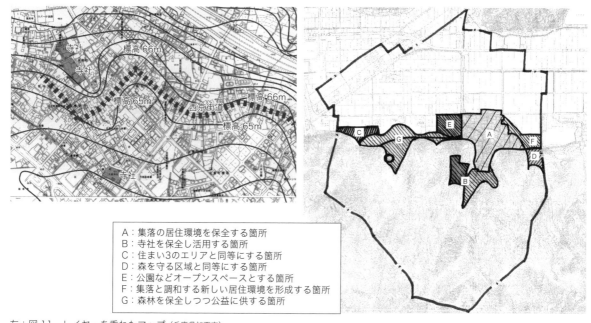

A：集落の居住環境を保全する箇所
B：寺社を保全し活用する箇所
C：住まい3のエリアと同等にする箇所
D：森を守る区域と同等にする箇所
E：公園などオープンスペースとする箇所
F：集落と調和する新しい居住環境を形成する箇所
G：森林を保全しつつ公益に供する箇所

左：図11　レイヤーを重ねたマップ（兵庫県加西市）
右：図12　レイヤー分析によって抽出された課題図（兵庫県篠山市）

形図や住宅地図などを用いて、地図に落とし込む〈マップ化（マッピング）〉をすると、まちの成り立ちや構造が空間的に見えてきます。また、地図だけでは読み取りづらい坂や階段の位置、擁壁や植栽、水路網などを記録しておくと効果的です。また、移動する人や自転車の行動の軌跡など、記録しておかないとわからなくなってしまうものは〈マップ化〉しておくとよいでしょう[6]。

　情報を地図に整理していくときは、種類ごと（建物・道路・緑地など）の情報に分けて1枚ずつ〈マップ化〉することをおすすめします。これを〈レイヤー化〉といいます。レイヤーとは層を意味します。ベースの地図の上に透明シートなどで、それぞれのレイヤーの情報を重ねあわせていきます。そうすると、様々な視点から多角的にまちを捉えることができます（図11）。レイヤーを重ねてはじめて見えてくるまちの構造や属性を課題図として1枚に集約すれば、まちの特徴を正確に把握することができます（図12）[8]。最近では、〈GIS（地理情報システム）〉のソフトを活用してパソコンやタブレットを用いて行うことも増えています[9]。

3　動きを広げる

　まちづくり活動は、それまでまちにはなかった斬新な取り組みだったりします。したがって、当初はまちの人々に理解され

にくいこともあります。できるだけ多くの人々から支持を得て
活動を拡大していくためには、認知されることが大切です。

　自分たちが前項で設定した目標を、どのように人々と共有し
て輪を広げていくのか、その方法について見ていきます。

① 手を動かす／エスキース

　設定した目標を、空間的な概念や時間的な概念に展開してい
くためには、〈ダイアグラム〉などの視覚的なアウトプットが
キーになることがあります。何度も繰り返して描き、精度を上
げていくと、自らの理解が深まるでしょう。特に建築系の大学
の授業でよく取り組まれる〈エスキース（esquisse）〉とは、
着想や構想あるいは、構図を描きとめた下書きを意味します。
構想や概念を繰り返し図式化して、様々な案を検討する作業を
〈エスキース〉と呼びます。建築家の内藤廣（1950-）は、師で
ある吉阪隆正（1917-1980）から「手と頭が相談するように
ならなければだめだ」とよく言われたそうです。これは、様々
な情報を、直感的な肌触りや空気感などとして身体的に受け止
め、記憶と連動させながら思考する大切さを説いているのでし
ょう。〈ダイアグラム〉やスケッチ、模型などあらゆるプロセ
スで手を動かしながら次のアクションを練ることが、まちと自
分たちとの関係をつくっていくうえで大切です（図13）[8・11・12]。

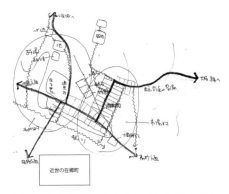

図13　まちの成り立ちのスケッチ（兵庫県加西市）

② シミュレーション／ゲーミングする

　今後、自分たちのまちがどのように変わっていくのか、その
将来のイメージを共有することも重要です。人口や世帯数はど
う変化して、どのような形態や用途の建物が増えたり減ったり
するのでしょうか。これまではスケッチやパースなどが用いら
れてきましたが、模型やCG、VRなどを用いてシミュレーショ
ンすることによってイメージを共有することも有効でしょう。
また、まちづくりの分野には〈デザインゲーム〉というゲーミ
ングの手法があります。これから将来的に起こりうる状況を考
えるため、ゲームを通じて仮想体験し、現在にどのような対応
が必要かを見極める方法です。まちづくりや防災の分野でよく
用いられます。〈デザインゲーム〉を開発したアメリカの環境
デザイナーであるヘンリー・サノフ（Henry Sanoff）は、ゲーム
への参加を通して、複雑に絡み合った現実を理解するとともに、
身近な環境について考え直すきっかけを与えるといいます（図
14）。ゲーミングとは一種のシミュレーションであり、まちづ
くりの過程で起こる様々な事象をあらかじめ捉えつつ、関係者
の価値観の違いなども明らかにしつつ、必要な意思決定をして
いくためのものです[8・13]。

図14　ヘンリー・サノフ『まちづくりゲーム』
（晶文社、1993）

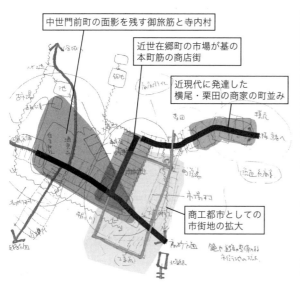

中世門前町の面影を残す御旅筋と寺内村

近世在郷町の市場が基の
本町筋の商店街

近現代に発達した
横尾・栗田の商家の町並み

商工都市としての
市街地の拡大

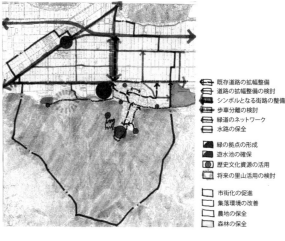

既存道路の拡幅整備
道路の拡幅整備の検討
シンボルとなる街路の整備
歩車分離の検討
緑道のネットワーク
水路の保全

緑の拠点の形成
遊水池の確保
歴史文化資源の活用
将来の里山活用の検討

市街化の促進
集落環境の改善
農地の保全
森林の保全

左：図15　身近なまちの固有性（兵庫県加西市）
右：図16　将来像のイメージ（兵庫県篠山市）

③ まちの将来像をイメージする

　手を動かしたり、シミュレーションをすることで、こうなったらいいなという将来のイメージが具体化したら、それを共有することが大切です。グランドコンセプトとも言い換えられるかもしれません。〈まちづくり憲章〉のように明文化される場合もありますが、イメージスケッチのように空間の将来像を描いたものなら、さらに良いでしょう（図16）。その成果は、できるだけ見た人を惹きつけるような魅力的なもの、つまり、自分たちの身近な環境の固有性（図15）をきちんと踏まえていて、人々の想像力を駆り立て、参加したい、協力したいと思える将来像であることが望ましいです。

　また、自分たちがつくったという実感も大切です。それが次のまちづくり活動に展開していく駆動力になるからです。つまり、「将来像づくりのプロセス自体を共有していくこと」が最も大切であると言っても過言ではありません。将来像の共有は、自分たちの向かうべき大きな方向性のイメージを分かち合い、それぞれが個別に行動し、主体的に計画していくための拠り所になっていくのです[4]。

④ シナリオやロードマップを描く

　これから実践するプロジェクトをリスト化し、優先順位や順序のシナリオやロードマップを作成して可視化することも大切です。短期的に成功できそうな小さな取り組みから始め、最終的には大きな目標やまちの将来像に近づくために必要なプロジェクト群を、中長期的にプログラム化しておきましょう。多様な主体がまちの将来像を踏まえつつ、それぞれがプレイヤーと

◉ まちづくり憲章

あるまちにおいて、市民・住民の合意によって任意に定めるまちづくりの目標をこう呼ぶことがある。〈まちづくり協定〉に類似している。

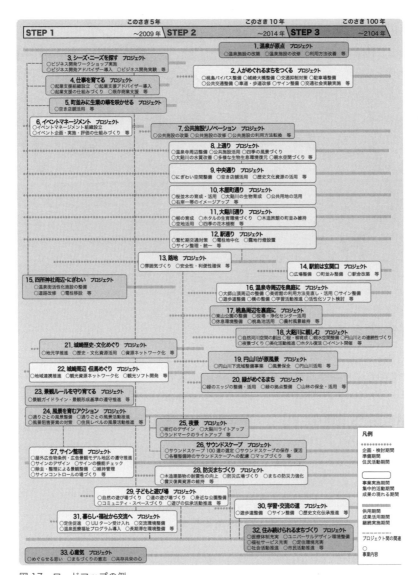

図 17　ロードマップの例
(出典：城崎町（豊岡市）・早稲田大学後藤春彦研究室「城崎このさき100年計画」（作図：吉田道郎）)

なり、自らの役割を理解しながら行動していくことで、まちは少しずつ将来像に近づいていきます。まちづくりとはそういうものです。関係者それぞれが、いつ、どこで、どのように、プロジェクトを展開していくべきなのか、そのロードマップを描きシナリオとして共有しておくことが望まれます（図17）。プロジェクトのリストは常に手元にもち続けて、状況に応じていくつかの選択肢を柔軟に選べるようにしておきましょう。将来像へ到達していくためのストーリーをまちの人々と共有することも重要です。広く市民と共有するためには、市長や行政に提案・提言する、地域住民の前で発表する、冊子やパンフレットのようなものにまとめておくなどいくつか種を蒔いておくと、いつしか大きな訴求力をもつことも少なくありません[14]。

さらに、市民が自らシナリオを描けるようになれば、まちという大きな全体像を、実感がこもった暮らしの場として捉えることが可能となります。市民目線で考えることは、行政の縦割りや制度上の制約に縛られず、総合的で横断的な取り組みを担うプレイヤーを増やすことにもつながります。シナリオづくりも、やはりそれ自体がまちづくりの一環でもあるといえるでしょう。場合によっては、行政計画への対案を表明する機運につながることもあります。日頃からまちの人々との相互理解を深め、まちづくりの知識や情報をよく理解しておくことが重要です[4]。

⑤ 人的ネットワークを内外に広げる

ほかのまちづくり活動を行っている団体やグループとネットワークを形成することも大切です。隣町から全国各地、世界に目を向けると、様々なまちづくり活動をしている団体がいます。ましてや同じまちの中でも、お互いのことをよく知らずに活動している団体はたくさんあるでしょう。積極的に視察に行ったり、多様な主体が集まる場に出かけたりすると、出会いが生まれ人的ネットワークを広げることができます（図18）。例えば長年まちづくりをしてきたグループと知り合ったとしましょう。彼らから学べることはたくさんあります。発足の経緯から現在の活動の状況までを聞き取ることで、自分たちが今どの段階にいて、何をすべきなのかを相対的に確認することができます。活動のノウハウを互いに教え合うことも可能です。

図18　多様な主体が集まる場（神奈川県小田原市）

こうした出会いは、知らず知らずに停滞しがちなチームのモチベーションを取り戻すことにもつながるでしょう。地域ぐるみで行うお祭りやフォーラムの企画など、グループ単体では実現が難しいことも、ネットワークを活かすと可能になります。自分たちのフィールドにほかのグループを呼んで交流したり、また逆にほかのまちのフィールドを視察することで、双方の活動が活気づきます。ネットワークの良いところは、日常的に緊密な連携を取っていなくても、いざというときには結集して学び合えるところです。あらゆるまちづくり活動は、いつも様々な制約がついて回ります。まちづくり活動の成功には、人的ネットワークを活かして、そうした制約をクリアしていくことが大きな鍵になっているといえるでしょう[4]。

⑥ プロジェクトを試行（社会実験）する

まちづくり活動はムーブメントを起こすことともいえます。チームが始動したら、できるだけモチベーションが高いうちに、小さなプロジェクトを試行してください。小さな成功体験を少しずつ積み重ね、変化を実感できる機会を増やすことが大切で

図19　小さなプロジェクト
（東京都品川区）

す。例えば、仮設の屋台を用いたマルシェ（図19）のようなまちでの試行的な社会実験は、行政や市民・事業者からも認知されやすく効果的です。〈シャレット・ワークショップ〉のような短期集中のデザインや計画の提案などもありえます。初めは少数派かもしれませんが、まちなかで起こる変化に共感してくれる人は、回を重ねるごとに確実に増えていくはずです。まちの人々からの信頼を獲得できたプロジェクトが1つでもあれば、さらなる次の展開を仕掛けやすくなり、より大きな連携・協働の輪を広げることにもつながります[1,3]。

　小さなプロジェクトを試行した成果は、様々な人々からの検証に耐えうるように、報告書としてまとめておくことが望ましいです。試行したプロジェクトを起点に次の課題を考えていくことが、さらなるまちづくり活動を展開する原動力となっていきます。また、何度か試行すればプロジェクトの精度も高まり、少しずつ規模を拡大していくことも考えられます。そして一定程度、持続的にプロジェクトを行っていく目処が立った時には、試行や社会実験という言葉を取り去ればよいのです[3]。

⑦　広く認知される

　新聞やウェブ記事づくりなどによる広報活動は、多くの人々と関係をつくるうえで大切です（2章、p.59）。読みやすく、楽しげな雰囲気を心がけましょう。また、このような広報活動は関係者以外の読者に向けた外向きな意義だけではなく、組織のメンバーや将来の自分たち、つまり内部に向けた振り返りの記録としても大きな意義をもちます。またチーム内での情報格差も是正することができるでしょう。最近ではSNSの活用も有効です。SNSは情報を即時に公開することができるため、ライブ感をもってまちづくり活動を伝えられます。また、様々な人々が情報をシェアでき、広く認知されやすい特性をもっています。またフリーペーパーや冊子などの〈ローカルメディア〉は広告媒体となりうるため、まちの企業から広告収入を得るツールとしても活用可能です。金銭的なメリットだけでなく、まちの協力体制を目に見えるかたちで表すという効果も期待できるでしょう[4]。

4　具体的に落とし込む

　まちのなかである程度活動が認知されるようになってしばらくすると、いろんなコラボレーションの話をもち掛けられたり、困りごとの相談を受けたりすることがあるでしょう。より広範

なテーマについて関わりながら、自分たちのチームの活動を持続・向上させていくことが求められるようになっていくでしょう。そのための方法について見ていきましょう。

① 資金を集める

　まちづくり活動を持続させるためには様々な費用がかかります。最初のうちは手弁当で済ませることもあるかもしれませんが、10年20年と活動を続けるなら、ずっと自分のお金を持ち出していては長続きしません。何らかのかたちで資金を集めることが必要になっていきます。そのためには、まちづくりの活動が公益に資することを説明できなくてはいけません。使途を明確化し、メンバーと共有することで透明化していくことも必要です。そうでなければ、まちづくり活動の輪が、まちの中に広がっていくことが難しくなるでしょう。

　民間の資金を集める方法として、次のようなものがあります。まず、会費や募金集めです（図20）。最初は実際に活動しているメンバーから集めるのが手っ取り早いです。カンパや寄付を募り、目的や目標額、期日を決めて集中的に募金活動を行う方法もあります。近年は〈クラウドファンディング〉（2章、p.58）で不特定多数を対象とした資金集めも盛んです。また、イベントの会費や参加費にプラスして寄付を同時に集めるという方法もあります。バザーやフリーマーケット、グッズ販売などで資金を集める手もあります。ニュースやパンフレット（図21）などに、地域の企業からの広告を掲載することで、広告収入を集めてもよいでしょう[4]。カフェなどの〈スモール・ビジネス〉を展開することも一つの方法です。

　公的な資金を集める方法も様々です。公的資金の提供は、行政が行う場合と、それらの外部団体が行う場合があります。まちづくり活動に適した公的な資金を見つけるには、行政に直接相談するのが手っ取り早いです。民間の財団がまちづくり活動に助成金を出す例もあります。**「トヨタ財団」**や**「ハウジング＆コミュニティ財団」**などが知られています。地域限定の助成をする財団や〈公益信託〉などもあります。「世田谷まちづくりファンド」（5章、p.139）などは有名です。公的な資金の場合は使途や団体要件を満たさないと応募できない場合が多いので、十分に確認することが必要でしょう[4]。

② 法人化する

　4、5人程度の仲間でチームを組んで始めたまちづくり活動も、進めていくうちに規模が大きくなっていくでしょう。そうすると、会計や企画書作成など、活動を行っていくための事務作業が発

図20　募金集め

図21　パンフレットやニュース

▶ **トヨタ財団**
トヨタ自動車によって設立された社会活動に寄与するための助成財団。市民活動や研究に助成している。

▶ **ハウジング＆コミュニティ財団**
豊かな住環境の創造に貢献することを目指し、長谷エコーポレーションによって設立された。住まい・まちづくり分野の市民活動への助成が中心。

生したり、専従のスタッフが必要になってきたりします。また、実績が積み重なるほど、アドバイザーや指定管理など外部からの依頼ごとも増え、対応に追われることになります。または、資金集めのためにはじめた〈スモール・ビジネス〉の経営規模が、次第に大きくなっていくことも考えられます。つまり、まちづくり活動が次第に「仕事」と化していくのです[4]。

　個人的な責任の範囲で対応することが困難になってきたら、法人化を検討することが一般的です。法人とは「法律上の人」であり、組織を人に見立てて法的な責任を負うものです。株式会社や合同会社（LLC）、一般社団法人（2章、p.50）、特定非営利活動法人（NPO）（2章、p.50）などがあり、様々な優遇を受けられます。例えば、行政とまちづくり関係の仕事をする場合は、非営利の法人であるNPOが補助金などを受けやすく有利でしょう。一方、民間企業と頻繁に協業する場合は、逆に株式会社や合同会社が信頼関係を取り結びやすく有利でしょう。市民活動の持続化を念頭につくられたNPOは、民主的な意思決定のプロセスを取るのが特徴ですが、ときに意思決定の遅さが仇となり、昨今は一定規模以上のビジネスを営むのには向いていないと考えられています。一般社団法人は中間的な位置づけであることから、近年のまちづくり団体はこちらを選ぶことが増えているようです[17]。

③　まちの拠点をつくり営む

　自分たちのまちづくり活動を持続化していくために、まちの中に拠点をつくるのも有効でしょう（図22）。多くの住民が出入りして、様々な情報にアクセスでき、意見交換や一緒に作業できるスペースを確保できると、まちのネットワーク構築にはうってつけです。認知度を上げるためにも、メンバーのだれかが常時、あるいはできるだけ頻繁に滞在していることが望ましいです。まちの人々と日常的に交流すれば、普段の意思疎通も円滑になります。人々の目に触れるところには、〈ワークショップ〉（2章、p.63）の成果やまとめ、シナリオやまちの将来像、プロジェクトの成果や報告書などを、ポスターやパンフレットのようなかたちで掲示や展示し、またできれば定例会をするなどして、まちの人々に向けて明確なまちの変化を伝え、民間による〈地域公共圏〉の形成を印象づけることが大切です。

　また、拠点を運営するためには、賃貸料や光熱費など運営資金が必要になってきます。〈コミュニティ・カフェ〉を共同出資で経営するなどの〈コミュニティ・ビジネス〉や、福祉作業所との連携なども考えられるでしょう。拠点で開催された〈ワークショップ〉やイベントが次の目標設定につながり、まちの将来像、

図22　まちの拠点（神奈川県小田原市の［まちえんカフェ］）

シナリオやロードマップを描きながら更新していけることが望まれます[16]。

④ 体制を整える

まちづくり活動を長く持続していくためには、市民や事業者と行政が協力しながら多くの人を巻き込んで、連携体制を整えていく必要があります。

例えば、計画づくりや町並み保存のような地域全体での合意形成が必要なテーマなら、住民の集まりに行政の担当者が参加します。合意形成を図る準備段階として、まちと行政を橋渡しする〈まちづくり協議会〉（2章、p.49）のような組織をつくることが望ましいでしょう。一方で、商店街振興のような即効性が重要なときは、すぐにプロジェクトを立案し実行できる機動的なメンバー集めが肝要です。多くの場合、〈まちづくり会社〉（2章、p.49）やNPO（2章、p.50）などが軸となって関係者を組織していきます。

また、こうした全体のコーディネート、マネジメントを担う人の存在も重要になってきます[8]。あなたがそれを任されることもあるかもしれません。まちの人々とのあいだで、自分たちのチーム、町内会や自治会、商店街、NPOなどの関係を図化するなどして、整理して確認できるようにしておきましょう。関係する行政の部局や自治体職員の名前もあわせて記入しておけるとなおよいでしょう。

⑤ ルールをつくる

物理的な環境をなんらかの目指すべき方向にもっていきたい時に行われるのが、3章で見てきたようなルールをつくるための人々による合意形成です。例えば地域に伝わる古くからの文化や暮らし、町並みを守るためにつくられる〈伝統的建造物群保存地区〉などがわかりやすい例です。建物を建て替える時などもそのルールのおかげで、まちの物的な環境が一定程度、維持されます。気をつけておきたいのは、他人にルールを守ってもらうためには、自分もルールを守る必要があることです。そうでないとただの身勝手になってしまいます。そのうえで合意を形成していくことが必要でしょう[4]。

1つ目に紹介するのは、住民が自主的に守るべきルールをつくる場合です。まずは任意の〈まちづくり協定〉（3章、p.98）を取り決めることが多いです。建物用途や形態、色彩、広告物のあり方や営業時間、緑化、清掃などについて、ゆるやかな合意事項を明文化しておくことで、まちを一定の状態に保つことができます。また、〈デザインガイドライン〉や〈デザインコード〉（3

章、p.100）というように、住民に具体的に例示して、勧める方法もあります。物的な環境はどうあったら調和がとれていて、豊かな街並みを引き継げるのかを明文化します。さらに、まちづくりのルールを、法律に基づく〈緑地協定〉や〈建築協定〉にしておくことで、効力を増すこともできます。当然、住民の賛同を得られなくてはそれらの協定をつくることはできず、ときに難しい合意形成が求められます。

2つ目が、法律に基づく〈地区計画〉（3章、p.99）です。まちの安全性や快適性、街並みの形成に一定の効果がありますが、上記の協定に比べると緩やかに合意を形成すればいいのが特徴です。しかし、土地利用や施設配置など、個人の土地や建物といった私有財産の制限をともないますので、これもまちの人々と十分に議論をしながら進めていくことが必要でしょう[8]。

⑥ 市民提案する

まちの〈地域公共圏〉を豊かにしていくためには、市民が積極的に自治体へ提案を行っていくことが望まれます[15]。

それを促すため、自治体によっては、市民の提案を募る〈まちづくり提案制度〉という条例をもっていることもあります。様々なテーマへの提案を募る制度です。自分たちの自治体のまちづくり条例などの市民提案について、詳しく調べてみましょう。

⑦ 多分野とコラボレーション

まちづくり活動を展開していると、知らぬ間に自分たちの活動が、ほかの団体の新たなまちづくり活動を誘発したり、後押ししていることがあります。まちの主体やその活動は多様です。例えば、安心して住み続けられる住まいづくりや歴史的町並みの保全・活用、市民活動のための拠点づくりや福祉・就労支援のための場づくり、滞在型観光のための活動やパフォーミングアートやインスタレーションなどの芸術活動……ほかにもたくさんあるでしょう（図23）。多様な活動は多様なまちの可能性を発掘します。それだけにとどまらず、こうした活動主体同士がコラボレーションすれば、まち全体の持続性や生活の質はさらに向上します。相互に連携して、まちが自律した持続再生の道を進むことができるようになっていくのです[18]。まちの中にコラボレーションの網の目が張り巡らされることで、ゆるやかに連携した多様な主体が、全体をマネジメント、ガバナンスする段階に移行します。つまり、自律的な自治につながっていくのです。

図23　インスタレーション（奈良県五條市の赤根色の街道）（出典1）

5 バトンを渡す

　まちづくり活動が持続的に行えるようになり、組織的に安定化し、まちの中でも一定の評価を得られるようになってきたとしましょう。一見何の問題もないように思えますが、まちづくり活動は長期化すると、逆に停滞しはじめることも多いです。そのような時にどうすべきか、考えてみましょう。

① フィードバック / 振り返り

　まちづくりでは、なるべくきちんと事後の評価を行って次の展開に向けたフィードバックをすることが大切です。しかし、やりっ放しになりがちであることが否めません。よくいわれるPDCA（Plan → Do → Check → Act）サイクル、すなわち、計画、実行、評価、改善というサイクルのことです。まちづくりは、市民が主体的に活動することによって、まちを保全し改善していく公益的なものです。それと同時に近年では、仕事としての収益性を確保して、継続していくことも求められます。公益性ばかりを評価すれば、まちづくり活動の継続が危うくなり、逆に収益性ばかりを追いかければ、単なる営利事業と変わらなくなってしまいます。個々のプロジェクトが集まり、全体としてどちらにも偏らずにバランスよく進められているかという視点で振り返り、次の展開に活かすことが大切です[18]。

　一方、一定期間うまく活動を続けてきた団体に多いのが、自分たちはそもそも何を目標に定め、どのようなまちの将来像に向けてまちづくり活動を始めたのかを見失うことです。特に組織化や法人化で活動が安定し、仕事として持続化してくると、いつの間にか組織の維持が目的化してしまうのです。数年に一度は、自分たちの描いた目標やまちの将来像を振り返り、現状と照らし合わせ、それぞれのプロジェクトを俯瞰しながら軌道修正するタイミングを設けることも、また必要でしょう[18]。

② 次世代を育てる

　まちづくりは人づくりと言われることも多いです。子どもたちは、自分たちのまちを一生懸命に盛り立てているかっこいい大人の背中を見て、自分もいつかそうなりたいと思うことで、次世代が育っていきます。まちの祭りなどはまさにその代表例でしょう。子どもが生まれて親になると、まちづくりを進めるモチベーションにも変化があります。より良い状況にして子どもたちに託したい、という気持ちになるのです。まちの持続性を考えて、子どもたちと接していくことも、まちづくりを長期的に捉え

図24　子どもの関わり

図25　「子どものまち」の例。TeensTown むさしにてクイズ番組の制作

▶ **まちづくり学習**
　身近な環境に関する意識を高め、まちづくりへの主体的意識を育成する学習のこと。

▶ **環境学習**
　地球環境の保全、公害の防止、自然環境の保護、そのほかの環境の保全について理解を深めるための学習のこと。

▶ **ミニ・ミュンヘン**
　ドイツ・ミュンヘンで行われている子どもだけで運営するまちを模した遊びのプログラム。

る際には非常に大切です（図24）。〈**まちづくり学習**〉や〈**環境学習**〉、〈**ミニ・ミュンヘン**〉のような〈子どものまち〉といった活動など、様々なかたちで子どもたちがまちを知り考え行動していくチャンネルをつくっていくことが必要でしょう（図25）。

　特に18〜24歳くらいの大学生・大学院生を主とした若者世代は、ちょうど子育て世代とその子どもたちである小中高校生の狭間の存在です。彼らはどちらの世代にも共感を与えるプロジェクトを企画・実践する感性をもっているとともに、セミプロ程度の専門性を有しています。進学や就職で都会に出て行ってしまい、地元から離れた人も多いでしょう。ですが、たとえ長期休暇の一時期だけでも、〈地域づくり系のインターン〉などを活用してどこかのまちに滞在して、なんらかのまちづくり活動に関わることは、彼らにとってもまちにとっても有意義でしょう。

③ フェードアウト

　まちづくりをいかに、次の世代に継承していくか、バトンをいかに若い人たちに渡していくのかというのは、少子高齢化が進む今日の大きな課題であるといえるでしょう。NPO法の施行から20年以上が経過し、当時の先進的なまちづくり活動は、中心的存在として動いてきた組織の高齢化が起こっています。昨今、公共空間を実験的・暫定的に活用する〈プレイス・メイキング〉や〈タクティカル・アーバニズム〉（6章、p.158）などと呼ばれる海外発祥の取り組みが注目を集め、その周辺に若いプレイヤーが増えています。「まちづくり」という言葉が、1つ上の世代が中心となって進めている活動というイメージをもたれ、そこを乗り越える概念としてそれらの横文字が若者から共感を集めているのかもしれません。

　世代交代は、こうした現場の状況からも難しい問題であることは確かです。しかし、何ごとにおいても主導してきた人たちが徐々に退くことによって、若い世代はおのずと立ち上がるものです。活力とはそのようにして生まれてくるのです。今後、ますますわが国では人口減少・少子高齢化していくことが想定されています。まちの持続可能性は、自分たちの世代から次の世代へ、そのまた次の世代へとバトンを渡し続けることでしか生まれません。若者たちに主導権を委ね、年長者にはサポートに回ってもらう体制づくりを地域ぐるみでつくっていくことが大切でしょう。

2 リノベーション時代の まちの居場所

0 変わりゆく暮らしの価値観

　前節まではまちづくり活動を展開していくプロセスについて見てきました。ここでは、これまでのプロセスを踏まえつつ、2010年代ごろから多く行われてきている、リノベーションやシェアといった近年のまちづくり手法について見ていきます。人口減少・少子高齢化の時代、社会的孤立に直面する人々が交流でき、安心して居ることのできる〈まちの居場所〉を、空き家・空き地などのまちに眠る遊休資産をリノベーションしてシェアしながらつくるまちが増えています。この方向性は、これからも継続していくと考えられます。

1 まちの居場所づくり

　近年、多くの人が憩う居場所が存在し、まちづくりを考えるうえで大切な価値を有しています。そのような居場所では、気の置けない仲間たちと気兼ねなく時間を過ごせるだけでなく、だれかのために役立つことで、やりがいをもって自己を認めてもらえます[19]。そうした性質から、人々が、自ら考えて行動することで、〈まちの居場所〉はつくり上げられます[20･21]（図26）。

　だれもが、ひとりで、あるいは仲間や家族と心地よく過ごせる場所がほしいと思うでしょう。しかし、まちに居心地の良い居場所は案外と少ないものです。私たちがよく利用するまちの中心は商業施設で占められていて、お金を払わないと利用できない所が多いのです。万人に開かれていて、だれもが自由に利用できる公共空間も十分にあるとは言えません。また公共空間では、一部の人の意見を取り入れることで禁止事項が増えてしまい、かえって居心地が良くない場所になっている場合もよくあります。そうした背景から、〈まちの居場所〉づくりをまちづくりのテーマとする例は近年少なくありません。

図26　まちの居場所（兵庫県豊岡市の［コトブキ荘］）

2　リノベーション

　近年のまちづくりの現場では、リノベーションによる地域再生の事例が急速に増えています。リノベーションとは、既存の建物の外観や内部空間を改変して、新しい用途や利用方法を実現する設計、計画、デザイン、施工を指します。新築に比べて費用を低く抑えることができ、DIYで気軽に取り組めることも魅力です。また、資源やエネルギーの消費を抑えられることや、既存の建物が活かされることで新築にはない特徴が創造されることもリノベーションの魅力です[22]。

　まちの遊休不動産がもともともっていたまちの歴史や生活文化といった個性を保ちつつも、シェアスペースや〈コミュニティ・カフェ〉、〈ゲストハウス〉など現代的な用途や利用をリノベーションは可能にします（図27）。まちの利便性や居住性が高まることから、〈リノベーションまちづくり〉（5章、p.146）と呼ばれる、リノベーションを面的に展開する取り組みが、全国の中小都市や津々浦々で実践され、まちの活性化に貢献しています。また、リノベーションは小さな経済活動なので、社会や時代の変化にも柔軟に適応できます。これからますます重要になるでしょう[23]。

図27　リノベーション（兵庫県加西市）

3　スペースをシェアする方法

　交流を生み出す〈まちの居場所〉をつくるために、スペースをシェアしてまちに開く手法も近年よく行われています。以下に主だったスペースのシェアの方法を示します。

① コミュニティ・カフェ

　〈コミュニティ・カフェ〉は、地域住民向けの飲食店です。地域住民間の交流を活発にする狙いがあり、定期的なイベントを開催したり、住民のハンドメイドの製品を販売したりする店舗もあります。同じまちに暮らす様々な世代や立場の人が知り合える場であると同時に、互いに支え合うコミュニティをつくるきっかけとしても期待されています。さらに、〈子ども食堂〉や〇〇教室などのイベントや〈ワークショップ〉を通じて、社会的孤立にいたってしまう子どもや高齢者への福祉的な支援、子育て世代の支援などを行い、社会問題の解決に貢献している〈コミュニティ・カフェ〉もあります[21]。

② シェアハウス

シェアハウスは、キッチン、ダイニング、リビングルームを共有して複数人が同居する住まいの形態です。住宅の一部をシェアすることで、ひとり当たりの住居費を経済的に軽減できます。シェアハウスが魅力的である理由は、居住者同士の交流にあります。新たなコミュニティ形成に寄与しうるので、特に若者に人気があります。1980年代以降に注目されたコモンスペースをもつ〈コレクティブハウス〉に近い考え方です。最近の動向としてはシングルマザー向けや外国人向けなどのシェアハウスなども増えており、賃貸住宅を借りにくい人たちへの〈居住福祉〉としての意味も生まれています。また、新築だけでなく、既存の戸建て住宅や集合住宅の一室をリノベーションして、シェアハウスや〈コレクティブハウス〉がつくられていることも、少なくありません[21·24]。

③ ゲストハウス

地方都市においては、空き家や空き店舗を〈ゲストハウス〉にリノベーションし、来訪者の滞在拠点を整備するケースが増えてきています（図28）。ホテルや旅館にくらべて宿泊費を安く抑えられることが最大の利点ですが、共用スペースで居合わせた旅人同士の気兼ねない交流も魅力の1つで、そうした場を求める人々から人気を博しています。地域住民が利用できるカフェやバーを併設する〈ゲストハウス〉も多く、旅行者と地域住民が交流できる場づくりも注目に値します[25]。

図28　ゲストハウス（広島県尾道市にある［みはらし亭］）

④ コワーキングスペース

働く場所もシェアされています。コワーキングスペースは、会議室、OA機器などの一部機能をシェアするオフィスです（図29）。シェアすることによってひとり当たりの費用負担を小さくすることができるだけでなく、異業種間の交流が生まれることも利用を促すメリットです。異業種間の交流によって、新しいアイデアが生み出されることが期待されており、交流を促すオフィス環境やイベントなどが企画実施されています。ITの進展で、オフィスに通勤せずに働けるテレワークが、これからの働き方としてさらに普及するかもしれません。すでに現在でも、〈ノマドワーカー〉（ノマドは遊牧民を意味する）とよばれる、カフェや屋外でPCで仕事をする人々の姿が見られます。まちの中に働く人の居場所を形づくっていくことも、まちづくりや産業振興・起業支援の一環になりつつあります。

図29　コワーキングスペース（埼玉県さいたま市）
（出典2）

⑤ コミュニティ・ガーデン

　コミュニティの人々が自らつくり、手入れし、利用する庭を〈コミュニティ・ガーデン〉といいます。行政によって整備・維持管理される公園と比較すると、まちづくり活動である〈コミュニティ・ガーデン〉は特徴を捉えやすいです。〈コミュニティ・ガーデン〉は、道路予定地の暫定利用や公共用地の跡地といった市町村有の遊休地、道路の植樹帯や花壇などで地域コミュニティと行政が企画して設置されるのが通常です。公園の一部に設置される場合もあります。〈コミュニティ・ガーデン〉では、地域住民がグループで花壇や植栽を施して修景したり、菜園をつくったりして収穫を楽しみます。このような作業を共同で行うことで、コミュニティのつながりが育まれていきます[26・27]。

　例えば外国人が多く住まうまちで、〈コミュニティ・ガーデン〉をつくると、交流が生まれて軋轢が少なくなるようです。

⑥ マルシェ

　フランス語で「市場（marche）」のことを指します。近年、地域の生産者と消費者が直接交流できる物品販売イベントとして注目を集めています。主にビジネス街の目抜き通りなどで仮設の設備で売り場を設けて賑わいづくりをするとともに、生産者の所得向上や安定化と、都市部住民の一次産業などへの理解促進を強く意図しています（図30）。コミュニティが周辺の農業を支える〈CSA（Community Supported Agriculture）〉という考え方に基づいていることが多いです。

　出店者、運営者、消費者それぞれが得られる恩恵を活かしていくことで、交流の場としての機能のみならず、近隣エリアも含めた社会課題解決（例えば教育や孤食などへのケアを含めたコンテンツを設けたマルシェも近年は増加しています）や事業成長など、まちの活性化にもつながることが期待されています[28]。

図30　マルシェ（徳島県徳島市）（出典3）

📖 参考文献

1. 日本建築学会編『まちづくり教科書第 1 巻　まちづくりの方法』丸善、2004、pp.52-55
2. 木下勇『ワークショップ 住民主体のまちづくりへの方法論』学芸出版社、2007、pp.218-220
3. 園田聡『プレイスメイキング アクティビティ・ファーストの都市デザイン』学芸出版社、2019、pp.47-71
4. 佐谷和江ほか『市民のためのまちづくりガイド』学芸出版社、2000
5. R・T・ヘスター、土肥真人『まちづくりの方法と技術 コミュニティ・デザイン・プライマー』現代企画室、1997
6. 西村幸夫、野澤康編『まちの見方・調べ方 地域づくりのための調査法入門』朝倉書店、2010、pp.3-82
7. 後藤春彦ほか『まちづくりオーラルヒストリー』水曜社、2005
8. 日本建築学会編『まちづくりデザインのプロセス』丸善、2004
9. 伊藤雅春ほか『都市計画とまちづくりがわかる本』彰国社、2011、pp.108-111
10. 延藤安弘とまちづくり大楽『私からはじまるまち育て』風媒社、2006
11. アートスケープ HP：Artwords（エスキース）https://artscape.jp/artword/index.php/ エスキース（2020 年 5 月 16 日閲覧）
12. 内藤廣『内藤廣の頭と手』彰国社、2012
13. ヘンリー・サノフ著、小野啓子訳『まちづくりゲーム 環境デザイン・ワークショップ』晶文社、1993、pp.17-18
14. 佐藤滋ほか『図説都市デザインの進め方』丸善、2004、pp.142-143
15. 小泉秀樹編『コミュニティデザイン学』東京大学出版会、2016、pp.74-82
16. 石原武政、西村幸夫編『まちづくりを学ぶ 地域再生の見取り図』有斐閣、2010、pp.81-84
17. 大室悦賀、大阪 NPO センター『ソーシャル・ビジネス』中央経済社、2011、pp.1-43
18. 佐藤滋編著『まちづくり市民事業 新しい公共による地域再生』学芸出版社、2011、pp.9-38
19. レイ・オルデンバーグ著、忠平美幸訳『サードプレイス コミュニティの核になる「とびきり居心地よい場所」』みすず書房、2013、pp.64-97
20. 甲斐徹郎『土地活用のリノベーション：不動産の価値はコミュニティで決まる』学芸出版社、2013、pp.23-30
21. 日本建築学会『まちの居場所 ささえる / まもる / そだてる / つなぐ』鹿島出版会、2019、pp.10-22
22. 後藤治『伝統を今のかたちに 都市の記憶を失う前に』白揚社、2017、pp.87-113
23. 清水義次『リノベーションまちづくり 不動産事業でまちを再生する方法』学芸出版社、2014、pp.15-18
24. 武田重昭・佐久間康富・阿部大輔・杉崎和久『小さな空間から都市をプランニングする』学芸出版社、2019、pp.124-134
25. 真野洋介・片岡八重子『まちのゲストハウス考』学芸出版社、2017、pp.178-205
26. 越川秀治『コミュニティガーデン 市民が進める緑のまちづくり』学芸出版社、2002、pp.11-16
27. R・T・ヘスター著、土肥真人訳『エコロジカル・デモクラシー』鹿島出版会、2018、pp.401-408
28. 脇坂真吏『マルシェのつくり方、使い方』学芸出版社、2019

写真出典

1. 加藤良次「赤根色の街道 1.jpg」2014, https://upload.wikimedia.org/wikipedia/commons/c/c2/ 赤根色の街道 1.JPG　この作品は CC: 表示ー継承ライセンス 4.0 国際で公開されています。
2. コワーキングスペース 7F「コワーキングスペース 7F.jpg」2013, https://ja.wikipedia.org/wiki/ ファイル：コワーキングスペース 7F.jpg　この作品は CC: 表示ー継承ライセンス 3.0 非移植で公開されています。
3. とくしまマルシェ「マルシェイメージ 02.jpg」2011, https://ja.m.wikipedia.org/wiki/ ファイル：マルシェイメージ 02.jpg　この作品は CC: 表示ー継承ライセンス 3.0 非移植で公開されています。

プロジェクトを立ち上げよう

あなたが実際に住む地域の課題をひとつ取り上げ、その解決のためのプロジェクト案を立ち上げてみましょう。以下の項目 **STEP1** から **STEP6** の順に書き出し、その内容を組み立ててください。

以下のヒントを参照しながら、1章から取り組んできたワークも振り返りつつ、プロジェクトの企画書を完成させましょう。

ヒント 考えるヒント

・おばあちゃんは買い物できていますか
・子どもが安全に遊べる場所はありますか
・山は荒れていませんか
・事故がよく起きる場所はありますか
・商店街はさびれていませんか
・地震がきても安全ですか、など

ヒント キーパーソンたちを考えるヒント

・地元で協力してくれそうな人
・資金・資源を提供してくれそうな人
・専門知識が豊かな人
・人脈豊かな人
・課題の当事者
・担当の行政マン、など

ヒント チームを考えるヒント

・はじめに5人集めよう
・自分にないスキルをもっている人はだれですか
・男女や年齢のバランスは良いですか
・なんでも分け隔てなく話せそうですか
・課題に問題意識がありますか、など

例えば…

(**STEP3** のアイデア図の例)

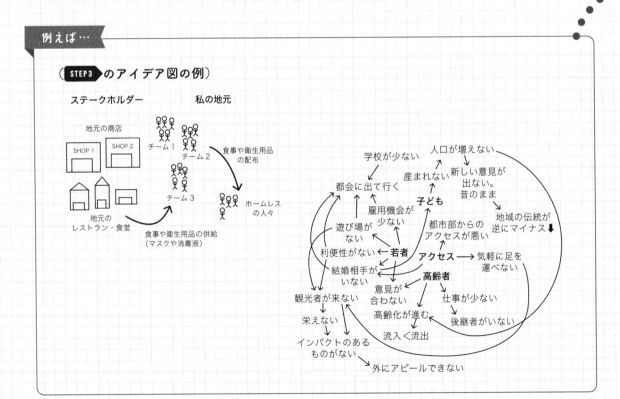

STEP 6 ▶ 魅力的なタイトルをつけよう

STEP 1 ▶ ターゲットとなる地域はどこで、課題は何だろう

STEP 2 ▶ 誰とチームを組み、どのような人々と関わるか

STEP 4 ▶ 必要な道具は何だろう？どこで行えるだろう？

STEP 3 ▶ 課題解決のアイデア図を描こう

STEP 5 ▶ 目標を設定しよう

直近　　　　　　　　　　5年後　　　　　　　　　10年後

STEP 7 ▶ さあ、あなたの次のSTEPへ！

まちの拠点をつくる

全国的な空き家の増加を受けて、空き家を活用して、様々な活動を行う市民が増えています。あなたはNPO法人の代表として、右の図面のような友人宅の空き家を譲り受けて、まちの拠点をつくり、〈コミュニティ・ビジネス〉をすることにしました。

あなた以外のNPO法人の理事たちと話し合って、以下のことが決まっています。

1) このNPO法人では「子ども食堂」を非営利活動として行います。平日は毎日、夕食を提供します。一度に子どもを10名は収容できるようにします。たくさんの食器、食器棚、料理道具、大きい冷蔵庫が必要です。

2) 地域における子どもの居場所を確保するために、放課後から夕食の時間までの子どもたちの受け入れをします。

3) 子どもたちの親御さんたちも気兼ねなく訪問して滞在できる雰囲気をつくります。親御さんらには有償でコーヒーを提供して、運営費にあてます。

4) 「子ども食堂」を維持するために、営利活動としてゲストハウスを経営します。

5) 「子ども食堂」を利用する子どもたちや親御さんら、地元の人々や、ゲストハウスを訪れる人々とが、交流して、カードゲームやボードゲーム、楽器を使った演奏やミニセッション、バーベキューなどができるようにします。

6) 年数回、地元自治会の方々との交流会を開催します。その時は、建物中、庭中を利用して、関係者と懇親を深めます。

7) 子ども食堂の食材費を浮かすために、小さな菜園を用意します。もちろん資材や農具をおく必要があります。庭の落ち葉を履くなどの掃除道具も必要です。庭に物置をおく必要があります。

8) ゲストハウスのシーツや枕カバーは、業者さんに出しますが、庭には布団などを干す場所が必要です。

9) ゲストのための風呂・トイレおよび乾燥機付き洗濯機を置くスペースを増築します。ゲストハウスのための簡易なキッチンも必要です。

10) 近所からの騒音の苦情が心配なので、なるべく静かに運営することを心がけたいです。

11) 子どもたちが帰った夜には、NPO法人の会合を開けるようにします。毎月の運営会議のほかに、年1回の総会は約20名が参加します。もちろん、ゲストハウスの営業を継続しながらでも会合をしたいです。

12) みんなでピザ窯をつくって、みんなでピザを食べるイベントを時々します。

13) スタッフが屋外でひとりでゆっくり休憩するためのベンチとテーブルを置きます。

14) 子どもたちの自転車は最低10台、またゲストやスタッフが利用する自転車を3台は駐輪できるスペースを用意します。

15) このNPO法人の事務所をどこかの部屋に用意します。少なくとも理事1名とボランティアスタッフ1名が昼間に常駐して、NPO法人の事務作業を行いつつこの空き家の全体のマネージメントを行います。

16) 夜間も管理のために大学生のスタッフに住み込んでもらうので、宿直ができるようにします。

17) NPO法人の活動を知らしめるため、展示コーナーを用意します。

18) 上記を満たしつつ、なるべくゲストハウスのお客さんが多く泊まれるように工夫します。

前ページの条件を満たすあなたの利用イメージを、下の図面に書き込んでください。

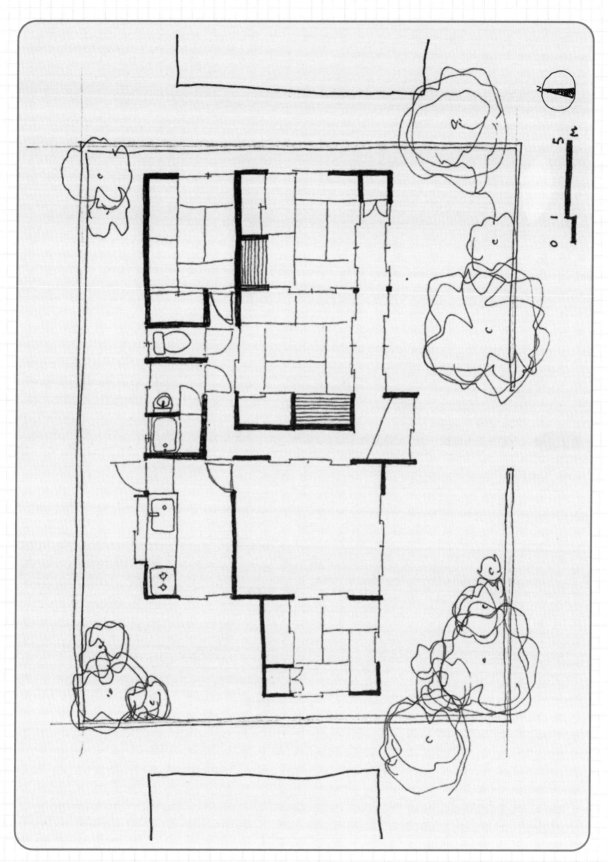

STEP2 1日の使われ方をイメージして、簡単にスケッチしてみよう。

朝のシーン	夕方のシーン

昼のシーン	夜のシーン

STEP3 年間収支を概算しよう。初期費用は10年で回収できますか？

収入	円	支出	円
・ゲストハウス		・食材費	
・コーヒー		・光熱費	
・寄付		・固定資産税	
・会費		・法人税	
・		・人件費	
・		・	
・			
		初期費用	円
		・増築費	
		・家具費	
		・	
計			

5章

まちづくり事例集
（1970's 〜 2020's）

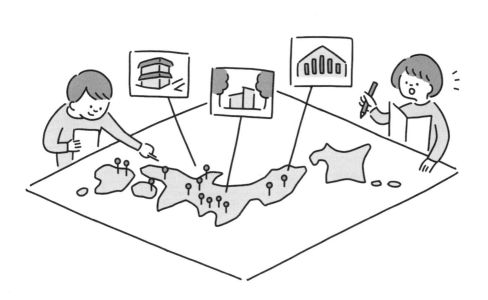

CHAPTER 5

1 玉川まちづくりハウス

図1-1 プレーリヤカーでの外遊び（ねこじゃらし公園、2016年）（提供：NPO法人玉川まちづくりハウス）

図1-2 デイホーム玉川田園調布「楽多の会」の活動（提供：NPO法人玉川まちづくりハウス）

図1-3 玉川まちづくりハウスが主催する「玉川まちフェスタ プチバザー」（提供：NPO法人玉川まちづくりハウス）

今でこそ当たり前となった「住民参加型の公園管理」や「住民ワークショップ」を早くから実践していたのが、世田谷区玉川地域の市民らによる組織、「NPO法人玉川まちづくりハウス」です。NPOという組織体も〈新しい公共（地域公共圏）〉（2章、p.45）という言葉も全く一般的でなかった1991年に、都市計画家・まちづくりプランナーである林泰義（1936-）や伊藤雅春（1956-）らが立ち上げました。専門家と市民の協働によって、住民自らの手で生活を向上させ、〈地域公共圏〉の形成を支援する非営利の専門家組織、わが国におけるいわゆる中間支援組織の走りともいえるでしょう。〈プロボノ〉（1章、p.26）の一形態ともいえます。

「玉川まちづくりハウス」のHPに掲載されている木をモチーフにした図は、コンセプトをうまく表現しています（図1-4）。日常の不便や困りごと、地域環境の保全・改善など、玉川地域の人々の思いを吸い上げ、地域自らの力で成果を実らせるプラットフォームであることがよくわかります。

代表的な活動の1つには、住民参加でデザインされた［ねこじゃらし公園］（図1-1）の利活用ワークショップがあります。公園を管理する「グループねこじゃらし」という住民組織が、区と管理協定を結んでいます。［デイ・ホーム玉川田園調布］の計画時には住民参加型のワークショップを行い、建物のプランや運営方法へのアイデアを区や設計者に伝える役割を果たしました。その後は、地域福祉を考える「楽多の会」（図1-2）の活動拠点となりました。そのほかにも、暮らしのネットワークを紡ぐお手伝いや、独自の企画調査や事業、ニュースやブックレットによる情報の発信、地域内のNPOと連携したまちづくり活動や受託事業なども行っています。

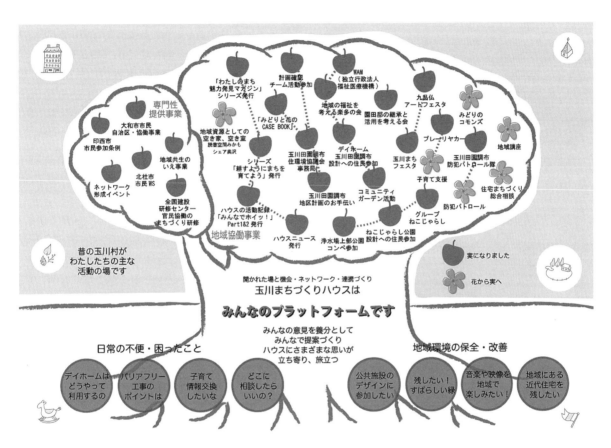

図 1-4　りんごの木で示された概念図（提供：NPO 法人玉川まちづくりハウス）

参考文献

1. 玉川まちづくりハウス HP　http://www.tamamati.com/house.html（2020 年 7 月 31 日閲覧）
2. 脇田祥尚『みんなの都市計画』理工図書、2009、pp.44-45

2 羽根木プレーパーク

図2-1　リーダーハウス全景
（提供：NPO法人プレーパークせたがや）

図2-2　自分たちで焚き火に火をつけて遊ぶ
（提供：NPO法人プレーパークせたがや）

図2-3　プレーワーカーや地域の大人と子どもたちが一緒に遊ぶ（提供：NPO法人プレーパークせたがや）

凸凹の地形に手づくりの遊具、子どもたちが自由にものをつくれる廃材置き場など、創造力を働かせて遊べる公園が［羽根木プレーパーク］です。世田谷区羽根木公園内の一画に、日本で初めてつくられた常設の〈プレーパーク〉であり、住民と行政の協働としても先駆的な施設です。

〈プレーパーク〉は"冒険遊び場"とも呼ばれます。プレーワーカーと呼ばれる大人たちが常駐し、普通の公園ならできない火遊び、遊具づくりや工作など、子どもの"やってみたい"をなるべく実現させるためにサポートします（図2-1〜図2-3）。子どもと相談して遊び場をデザインし、万一のケガにも備えます。地域住民によって運営されることも特徴の1つで、子どもたちの遊びを支える活動が、地域コミュニティの場になっています。

立ち上げの中心的存在となったのは、まちの父母たちでした。ヨーロッパでの〈プレーパーク〉に関心を抱いていた世田谷区の住民たちが、1975年に「あそぼう会」を結成して、〈プレーパーク〉の原形となる遊び場をつくり、運営を始めます。この実績が世田谷区を動かし、1979年には区の国際児童年記念事業に認定され、1年間限定で［羽根木プレーパーク］は誕生します。好評を博したことから、翌年以降も専任のプレーワーカーを得て、常設化することになりました。世田谷区にはその後、［世田谷プレーパーク］［駒沢はらっぱプレーパーク］［烏山プレーパーク］が立ち上げられています。2005年には「NPO法人プレーパークせたがや」が設立され、世田谷区から4つのプレーパーク運営を直接委託されています。

羽根木プレーパークから始まったこの流れは、「日本冒険遊び場づくり協会」によると2020年現在、全国で300を越える広がりを有しています。

📖　**参考文献**

1.　プレーパークせたがやHP https://playpark.jp（2021年6月1日閲覧）
2.　服部圭郎「都市の鍼治療データベース」HP　https://www.hilife.or.jp/cities/?p=2080（2020年8月5日閲覧）
3.　脇田祥尚『みんなの都市計画』理工図書、2009、pp.53-54
4.　日本冒険遊び場づくり協会HP　https://bouken-asobiba.org（2020年8月5日閲覧）

CHAPTER 5
3 | 公益信託世田谷まちづくり
ファンド

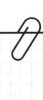

「世田谷まちづくりファンド」は、〈公益信託制度〉（公益的な目的で財産を受託者に委託し、受託者が公益活動を行う制度）を活用したまちづくりのシステムです。市民参画型ファンドの先駆けとして、1992年に「一般財団法人世田谷トラストまちづくり」によって設立されました。

企業や住民による寄付金や行政による出捐金による財源を、まちづくり活動への助成金として活用するための仕組みです（図3-1）。住民の思いや主体的な行動力を積極的に受け入れ、支援するのが目的です。助成先は専門家や住民、行政関係者などで組織される運営委員会の公開審査方式によって決定されます（図3-2）。設立から28年で790件、413団体のまちづくり活動を支援しており、助成総額は2億円を超えます。

「はじめの一歩部門」など、まちづくり団体の活動経験や規模に合わせたきめ細やかな助成メニューを拡充しながら現在に至っています。また助成以外にも、まちづくり団体同士の相互交流や学習を促すための活動発表会やイベントの実施など、まちづくりを総合的に支える体制として、住民主体のまちづくりをサポートしてきました（図3-3）。

助成を受けたまちづくり団体の約半数が、助成終了後も活動を継続しており、まちづくりのスタートアップ支援に大きな役割を果たしていることがうかがえます。以降、ファンドを立ち上げてまちづくりを支える仕組みは全国に波及していきました。

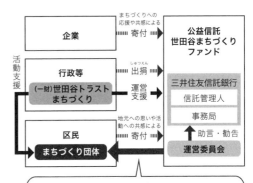

図 3-1　世田谷まちづくりファンドのしくみ
（文献1に基づき筆者作成）

図 3-2　選考プロセスが見える公開審査会
（提供：一般財団法人世田谷トラストまちづくり）

図 3-3　活動団体の出会いと学びを促すまちづくり交流会（提供：一般財団法人世田谷トラストまちづくり）

📖　参考文献

1.　一般財団法人世田谷トラストまちづくり HP https://www.setagayatm.or.jp/index.html（2020年10月29日閲覧）

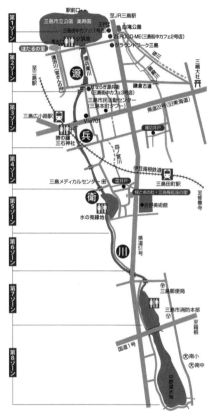

図 4-1　源兵衛川流域マップ
（提供：NPO 法人 グラウンドワーク三島）

図 4-2　清流がよみがえった源兵衛川(2002 年 8 月)
（提供：NPO 法人 グラウンドワーク三島）

　グラウンドワーク（Groundwork）とは、1980年代にイギリスで始まった環境改善活動のことです。河川や運河の環境整備、公園の自然再生、地域社会の改善活動などを行う「トラスト」という組織を設立し、市民・行政・企業の仲介役としてプロジェクトを進めます。

　富士山からの湧水が流れる静岡県三島市で結成された「NPO法人グラウンドワーク三島」は、日本で初めて"グラウンド（生活の現場）＋ワーク（創造活動）"に取り組んだ組織です。ゴミや家庭雑排水でドブ川となっていた源兵衛川の水辺環境改善という具体的なテーマをもち、市民・行政・企業の三者がパートナーシップを展開した先駆的な活動例です。

　源兵衛川の水辺環境の再生と改善を契機として1992年に「グラウンドワーク三島実行委員会（現 グラウンドワーク三島）」が組織され、それまでバラバラに活動していた市内の20団体が一堂に会しました。3年間に延べ150回にわたる話し合いの末、8つのゾーンに分けた源兵衛川親水緑道計画が、市民総意によって策定されました（図4-1）。ゾーンごとの地域特性や環境特性を踏まえた市民の計画案に基づいて、行政は公共事業における市民参画をデザインし、企業は湧水が減少する冬場に生態系保全のための補給用水を供給します。整備終了後も地域住民が「源兵衛川を愛する会」を結成し、市民・企業・行政の調整・仲介役を担ったグラウンドワーク三島とともに、上流域の開発や放置林の増加にともなう水辺の消失を防ぐために地道な環境保全活動が続けられています。源兵衛川の水辺再生を契機に、市内から消滅した水中花・三島梅花藻の復活、歴史的な井戸・湧水池の復元、松毛川の森づくり、境川・清住緑地の住民参加の公園づくりなど、「水の都・三島」のまち磨きをサポートしています。

📖　**参考文献**

1.　グラウンドワーク三島 HP　http://www.gwmishima.jp（2020 年 7 月 31 日閲覧）
2.　脇田祥尚『みんなの都市計画』理工図書、2009、pp.79-80
3.　川崎雅史「川に関する歴史や記憶に基づく河川空間の再生とデザインに関する調査研究」河川整備基金助成事業報告書、河川財団、2010

CHAPTER 5
5 | 株式会社黒壁

滋賀県長浜市の「株式会社黒壁」は、古民家リノベーション事業で中心市街地を再生させた先駆的な〈まちづくり会社〉です。空き家の活用により地域経済を再生した取り組みは、社会的企業や〈コミュニティ・ビジネス〉といったビジネス手法を用いたまちづくりの初期モデルとも言えます。

戦国時代末期に城下町として栄えて以来、長浜は琵琶湖北部における経済文化の中心地でした。しかし、郊外大型店の進出が中心市街地を衰退させ、多くの伝統的な建造物が空き店舗となります。1988年、[黒壁銀行]の愛称で親しまれていた明治期の歴史的建造物の取り壊しが問題になりました。この建物を保存し地域活性化の起点とすべく組織されたのが「株式会社黒壁」です。いわゆる第3セクター（2章、p.50）ですが、従来の行政主導型とは異なり、株の51％を地元民間企業が当時所有していました。そのため事業開発も民間主導で行われ、地場産業や既存商業と競合しない「ガラス文化」に着目し、地域の新たな担い手創出を可能にしました。銀行は1989年に[黒壁ガラス館]として生まれ変わり、本館・工房・レストランで構成される黒壁スクエアがオープンします。その後もグループ企業と連携して周辺の空き店舗や空き地を買い上げたり借り上げたりしながら、歩行空間のネットワークや回遊性を生み出す街路・街区の再編も行いました。

30年続く取り組みの結果、ガラスショップ・体験教室・工房など多様な担い手が出店し、収益を上げ、まちは賑わいを取り戻しました。またまちの主体が増えたことで、組織の体制も徐々に変化しています。不動産活用部門は「新長浜計画」という企業に分社化し、まちづくりや視察対応など公益的な事業はNPO法人「まちづくり役場」が担うこととなり、現在「株式会社黒壁」はガラス事業に特化しています。

図 5-1　黒壁一號館 黒壁ガラス館
（提供：株式会社黒壁）

図 5-2　黒壁ガラス館 1 階の様子
（提供：株式会社黒壁）

図 5-3　黒壁スクエア（提供：株式会社黒壁）

図 5-4　明治銀行長浜支店（明治 39 年）（出典：『長浜百年』長浜市発行、1980）

📖 **参考文献**

1.　矢部拓也「日本型まちづくり会社による中心市街地活性化 ―長浜・高松・熊本―」日本計画行政学会コモンズ研究会、2010 年 12 月 http://www.japanpa.jp/cms/wp-content/uploads/10_yabe.pdf
2.　日本建築学会編『まちづくり教科書第 1 巻　まちづくりの方法』丸善、pp.90-93

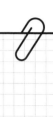

CHAPTER 5

6

真鶴まちづくり条例 「美の基準」

図 6-1 「美の基準」表紙 (提供：真鶴町)

図 6-2 真鶴の風景

神奈川県真鶴町は、バブル経済の開発ムーブメントが根強かった1993年につくった美の条例の「美の基準」で知られています。イギリスのチャールズ皇太子（Charles, Prince of Wales, 1948-）が打ち出した「建築とプランニングに関する10の原則」や、C.アレグザンダーの理論〈パタン・ランゲージ〉（6章、p.160）を応用した景観の〈デザインコード〉（3章、p.100）として、当時非常に画期的な条例でした。「美の基準」では、真鶴の人々が生活する風景の中にある"まちらしさ"を「美」と位置づけます。8つの原則と69のキーワード（基準）をわかりやすく示し、象徴的なビジュアルの写真や図とともに解説します。

「場所」を尊重し建物に「格」をつけ、生活に馴染む「尺度」を用いて、自然や周囲と「調和」すること。また、「材料」に気を配って「装飾と芸術」を施すこと。さらには建物自体が、「コミュニティ」を育むような仕掛けをもつこと。これらが建築行為一つひとつに積み重ねられることで、真鶴独自の「眺め」を変わらずに保つこと。8つの美の原則では、こうした大きな方向性が示されています。

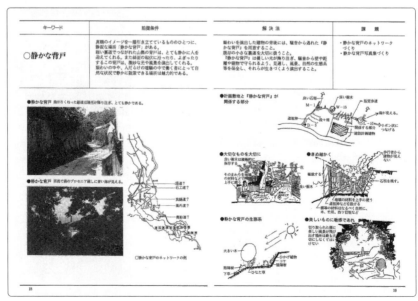

図 6-3 「美の基準」のうち「静かな背戸」についてのページ（提供：真鶴町）

69のキーワードは、普通の行政文書と異なり、解釈の幅が大きいのが特徴です。例えば「静かな背戸」というキーワード（基準）があります。真鶴では、表の道路ではなく勝手口をつないだ生活道路（路地）のことを背戸道と呼びますが、美の基準では、静かな背戸が"生きづく"ようにしてください、と書かれています。数値で厳格に縛りを設けない文学的な表現だからこそ、解釈をその都度協議する必要が生じます。しかしこの協議を通じて、住民は自分たちの町並みや"まちらしさ"を自ら創造していくことになるのです。条例の制定から20年以上を経た今日でも、真鶴の町並みは美しく保たれ、近年はこの風景を気に入って移住してくる人も増えているそうです。

図 6-4 「静かな背戸」の例

美の原則	美の基準	
1．場所	・聖なる所 ・豊かな植生 ・眺める場所 ・静かな背戸	・斜面地 ・敷地の修復 ・生きている屋外 ・海と触れる場所
2．格づけ	・海の仕事山の仕事 ・見通し ・大きな門口 ・母屋 ・門・玄関	・転換場所 ・建物の縁 ・壁の感触 ・柱の雰囲気 ・戸と窓の大きさ
3．尺度	・斜面に沿う形 ・見つけの高さ ・窓の組み子 ・段階的な外部の大きさ	・部材の接点 ・終わりの所 ・跡地とのつながり ・重なる細部
4．調和	・舞い降りる屋根 ・木々の印象 ・守りの屋根 ・地場植物 ・実のなる木 ・少し見える庭 ・格子棚の植物 ・歩行路の生態	・日の恵み ・覆う緑 ・北側 ・大きなバルコニー ・ふさわしい色 ・青空階段 ・ほどよい駐車場
5．材料	・自然な材料 ・生きている材料	・地の生む材料
6．装飾と芸術	・装飾 ・軒先・軒裏 ・ほぼ中心の焦点	・海、森、大地、生活の印象 ・屋根飾り ・歩く目標
7．コミュニティ	・世帯の混合 ・人の気配 ・街路を見下ろすテラス ・お年寄り ・小さな人だまり ・街路に向かう窓	・ふだんの緑 ・店先学校 ・さわれる花 ・外廊 ・子供の家 ・座れる階段
8．眺め	・まつり ・できごと ・賑わい ・懐かしい町並	・夜光虫 ・眺め ・いぶき

表 6-1 8つの美の原則と 69 のキーワード（出典：「美の基準」）

📖 参考文献

1.　コロカル HP https://colocal.jp/topics/art-design-architecture/manazuru/20161018_83125.html（2020 年 8 月 19 日閲覧）
2.　NEXT WISDOM FOUNDATION HP　https://nextwisdom.org/article/1382/（2020 年 8 月 19 日閲覧）

あまみず社会研究会

あまみず社会 雨水は貯留や浸透させ、一挙に地下・川に入れない分散型の水管理。水と緑による有機的な社会。

図7-1 水と緑による有機的なまちづくり「あまみず社会」の概念（提供：あまみず社会研究会）

図7-2 雨を貯留し浸透させる雨庭を実装した個人住宅（提供：あまみず社会研究会）

図7-3 雨庭や雨水タンクを設置したコミュニティ・カフェ（提供：樋井川テラス 吉浦隆紀）

　気候変動の影響から、市街地や集落が被害にあう河川氾濫が頻発しています。ますます関心が高まる〈流域治水〉（3章、p.85）の実践的なヒントとなるのが「あまみず社会研究会」の"分散型の水管理システムを通した 風かおり 緑かがやく あまみず社会の構築"注という考え方です。

　福岡県福岡市で2009年に起こった樋井川氾濫後、地域のコミュニティと流域治水に取り組むべく、土木・建築・景観の研究者や実務家によって設立されたのが「あまみず社会研究会」です。主な取り組みは、市民・コミュニティによる治水対策としての「雨庭」の設置です。建物や庭を整備して雨水をゆっくり浸透させ、貯留した雨水を庭への散水、トイレ、洗濯、風呂などに利用する仕組みです。このように、降雨した雨水が土地で循環する仕組みをつくることで、従来の大規模集中型ではなく小規模分散型で雨水管理を実践し、河川氾濫を防ぎ、万が一の場合には被害を最小限に抑える治水を目指しています（図7-1～7-3）。

　また、市民と協働し「多世代共創」の流域治水にも取り組んでいます。同研究会メンバーが参画するミズベリング樋井川会議では、源流の森林と連携した子ども環境教育や水辺の魅力発見イベントも行っています。同じ流域で暮らす住民が交流する機会と場をつくることで、多世代の興味・関心を上手に引き出し、市民の協働、コミュニティによる流域治水、ひいては地域のレジリエンス（回復力）を高めています。今後のまちづくりにおいて欠かせない治水対策に、新しい市民や専門家の関わり方を提示している活動として注目されています。

📖 **参考文献**

1. あまみず社会研究会 HP　https://amamizushakai.wixsite.com/amamizu

注：2015年から社会技術研究開発センター（JST-RISTEX）に採択された研究課題（研究代表者 九州大学 島谷幸宏）。

8 神山プロジェクト（NPO法人グリーンバレー）

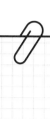

徳島県神山町は、鮎喰川の畔に広がる小さな自治体です（図8-1）。典型的な中山間地域であるこのまちに、近年アーティストやクリエイターなどの人材が移住するとともに、2010年に開設されたサテライトオフィス［Sansan 神山ラボ］を契機にITベンチャー企業の進出が相次ぎ、空き家として放置されていた古民家が次々とオフィスやカフェ、お店として蘇っていきました。地元の雇用も増加しています。

こうした流れの背景には、2000年代半ばに整備された全国屈指の通信インフラ網の存在や生活費の安さといった既存の地域環境もありますが、重要な役割を果たしているのが「NPO法人グリーンバレー」の存在です。〈創造的過疎〉をキーワードに、移住者支援や空き家再生、アーティストの滞在支援、人材育成などの多様な活動を通して、創造的な場の創出に努めています。

IT企業に空き家を貸し出す前述の「サテライトオフィス」のみならず、手に職をもつ職人たちの移住で定住人口の拡大を図る「ワーク・イン・レジデンス」にも意欲的です。また道路の一定区間を民間団体が清掃するボランティア活動「アドプト・プログラム」、国内外のアーティストが中長期滞在し作品を制作する「アーティスト・イン・レジデンス」（図8-2）、移住・求職者を支援する「神山塾」も実施していました。田舎の環境を活用し、多様で今日的な暮らし方、働き方、学び方を発信・実践し、更なる個性的な人材を呼び込むといった連鎖によって、現在も「クリエイティブな田舎」として世界中の注目を集めています（図8–3、8–4）。地域由来の環境と掛け合わせるハイテク企業、個性あるプレイヤー、空きストックを活用したライフスタイルの創出は、中山間地域のみならず地方都市や郊外においても学ぶべきところが多い取り組みでしょう。

図 8-1　徳島県神山町（文献1より引用）

図 8-2　地域に滞在して作品を制作する海外のアーティスト（文献1より引用）

図 8-3　空き家を改修したオフィス（独立系ベンチャー企業 株式会社プラットイーズ）
（提供：NPO法人グリーンバレー）

図 8-4　サテライトオフィスに地域住民を招いたお祭りの様子（提供：株式会社プラットイーズ）

📖　参考文献

1.　イン神山 https://www.in-kamiyama.jp（2020年12月1日閲覧）
2.　篠原匡『神山プロジェクト　未来の働き方を実験する』日経BP、2014

リノベーションまちづくり

図9-1　リノベーションスクールの様子
（文献2より引用）

図9-2　メルカート三番街（文献3より引用）

　生産年齢人口の減少やそれに伴う税収の減少、インフラや社会保障等の「地域の維持費」の拡大に対応する手立てとして構想された、空き家や空きビル等の遊休不動産のリノベーション（4章、p.126）を基礎とした、エリアの価値を高める都市経営の手法です。

　具体的には、ベースとなる①リノベーションまちづくり構想に基づき、不動産オーナーとビジネスオーナーとをつないでエリアの価値を向上させていく②現代版家守事業や、まちで面白いことがしたい意思を持つ参加者を募り、人材育成を通してリノベーションプランの企画と提案、事業化を目指す短期集中型の実践講座③リノベーションスクール（図9-1）の3要素からなる一連のまちづくり活動を、行政・不動産オーナー・民間プレイヤーが三位一体となって進めていきます。

　リノベーションまちづくりの第1号は北九州市での取り組みです。同市では2011年2月に「小倉家守構想」を策定、6月にリノベーション事業「メルカート三番街」（図9-2）が実現し、補助金を一切使わない民間主導のまちづくりプロジェクトとして話題になりました。また同年には前述の「リノベーションスクール」が開催され、まちづくりの提案およびそれを担う組織がいくつも誕生していきます。以降、リノベーションスクールの拡張やそこでの提案の実現、社会実験等を積み重ねながら、民間主導によるまちづくりの成果が蓄積されていきました。こうした取り組みが全国的にも評価され、現在も「縮退する地域を再生する新しい手法」として、地方都市を中心に多くの地域でリノベーションまちづくりの考え方に基づく実践が進められ、路線価の上昇等、具体的成果を上げることができています。

　遊休不動産が各地で増加の一途を辿るなか、仕組みやビジネスも含めてその利活用を構想するこの取り組みは、極めて現代的かつ現実的であり、今後のまちづくりにおいて重要な手法であるといえるでしょう。

📖　**参考文献**

1.　リノベリング https://www.renovaring.com/index.html （2021年6月6日閲覧）
2.　ReReRe Renovation!「リノベーションスクールとは」https://re-re-re-renovation.jp/schools/about （2021年6月6日閲覧）
3.　ReReRe Renovation!「商店街が変わるきっかけ。建替え寸前ビルが創作の場に」https://re-re-re-renovation.jp/projects/184（2021年6月6日閲覧）
4.　清水義次『リノベーションまちづくり　不動産事業でまちを再生する方法』学芸出版社、2014

ISHINOMAKI 2.0

東日本大震災による甚大な被害を受けた宮城県石巻市の市街地で生まれた、震災復興を通して新しい未来を描く「考え方」およびその取り組みの総称です。

代表的な取り組みとして、商店街のガレージをリノベーションした地域拠点［IRORI石巻］（2011-）、市内の宿泊施設が充分に復旧していなかった時期に来訪者を迎え入れる［復興民泊］（2011-2013）などがあります。ほかにも、各拠点や商店の個性を知ってもらうまちあるきの仕組み「オープン！！イシノマキ」（2012）、石巻の未来を創る面白い大人に高校生が学ぶ「いしのまき学校」（2013-）、アーティストが商店や企業を支援する「手作りCMプロジェクト」（2012-）、思いをもった地域住民のニーズを吸い上げ、活動を支援する「地域自治システムサポート事業」など、活動は多岐にわたります。プロジェクトを統括、運営するスタッフも建築設計や都市計画、デザイン、アートなどあらゆる専門をもち、多様な価値観でまちの活性化を図る姿勢が見てとれます。

震災以前のまちの姿を復旧するのではなく、「世界で一番面白いまちをつくろう」というスタンスには、ほかの地域や組織でも活かせるヒントが多く含まれます。彼らが掲げる5つのキーワードは、立場やしがらみを越えて地域内外を「ひらく」、個性的な思いや取り組みを「のばす」、まちと人・中と外・若者と熟練者を「つなぐ」、フェアでセンスあるアイデアを「かんがえる」、購入や消費に頼らず自らで「つくる」です。世代や立場を越えた、個性ある事業や空間づくりを積極的に進めていくことを強く企図した活動は、変わりゆく地域のニーズや課題に応じながら続く、終わることのない地域の復興における力強い原動力だといえます。

図 10-1　IRORI 石巻（撮影：鳥村鋼一）

図 10-2　2011 年に行われた野外映画上映会

図 10-3　石巻まちの本棚（撮影：布田直志）

📖　参考文献

1.　石巻 2.0 https://ishinomaki2.com（2020 年 12 月 2 日閲覧）

11 尾道空き家再生プロジェクト

図 11-1　斜面地における空き家再生のシンボル
[旧和泉家別邸（通称：尾道ガウディハウス）]
（出典：NPO法人尾道空き家再生プロジェクトHP）

図 11-2　大学の研究室とコラボして再生された
[路地の家]
（出典：NPO法人尾道空き家再生プロジェクトHP）

図 11-3　フィールドワークの様子
（提供：NPO法人尾道空き家再生プロジェクト）

　瀬戸内海のほぼ中央、広島県南東部に位置する尾道市は、中世に倉敷地として開かれた港町です。「中世からの箱庭的都市」「北前船寄港地・船主集落」「日本最大の海賊の本拠地」などとしても有名です。大戦からの戦火を逃れ、その歴史的な町並みを保有しており、多くの映画のロケ地としても知られてきました。しかしながら、近年の高齢化や人口減少を受け、人口約15万人のうち、高齢化率は2010年には29％に達し、街の空洞化が進んでいます。

　なかでも斜面地に広がる山手地区は、その入り組んだ形状から、車でのアクセスの難しさが人口減少に拍車をかけ、歴史あるユニークな空き家が増加し放置されてきました。

　そこで、空き家を通じて地域コミュニティを創造することを目指し、2007年に「尾道空き家再生プロジェクト」がNPO法人として立ち上がりました。空き家の再生や空き家バンクの活性化事業などを通して、古い町並みや景観の保全、移住者および定住者の促進による街の活性化、そして新たな文化・ネットワーク・コミュニティの構築を目的としています。

　戦前の豊かな時代に建てられたハイカラな洋風建築や、当時の豪商の別荘建築、大木に囲まれた家屋など、斜面地に広がる再生物件はどれもその歴史と建築的特徴を生かした修復がなされていることがわかります。

　またなにより注目すべきは、相談・交渉・修繕・引っ越しを斡旋する「空き家バンク」活動をはじめとする、様々な関係者やボランティアの分野を超えたネットワークづくりです。市民と大家さんの仲介役にとどまらず、空き家再生事業の過程で展開される、「尾道建築塾」「ワークショップ」「公開工事」など、地域への理解を深め広げていく多様な学びの機会をつくっています。市民や行政、専門家が共にまちの魅力を考え、発見し、そして発信する機会を創出する取り組みです。

📖　**参考文献**

1.　NPO法人尾道空き家再生プロジェクトHP http://www.onomichisaisei.com/index.php
2.　文部科学省生涯学習制作局生涯学習推進課民間教育授業振興室 https://www.mext.go.jp/a_menu/ikusei/npo/npo-vo14/1316844.htm
3.　井上繁『日本まちづくり辞典』丸善、2010、pp.90-91

12 | オガールプロジェクト

岩手県のほぼ中央に位置し、盛岡駅から在来線で南へ20分。奥羽山脈と北上山地に囲まれ、中央に一級河川である北上川が流れる、人口約3万3000人の自然豊かな紫波町で始まった、紫波中央駅前都市整備事業「オガールプロジェクト」が注目されています。紫波の方言で「成長」を意味する「おがる」と、フランス語で「駅」を意味する「Gare（ガール）」を掛け合わせて、「オガール」と名付けられています。

紫波中央駅に降り立つと、目の前には［オガール広場］の開放的な芝生が広がります。その南側には、地元の木材を使った官民複合施設［オガールプラザ］、その北側には日本初のバレーボール専用体育館を含む民間複合施設［オガールベース］が並びます。今では、年間100万人が訪れるエリアとなっています。

オガールプロジェクトは、官と民が各々の役割を果たし、戦略的な開発と経営プロセスにより構築されています。当プロジェクトは、2009年に策定された「紫波町公民連携基本計画」にもとづき、民間主導型の公民連携事業として進められました。

オガールプラザは、地域の農業支援も兼ねる図書館や地域交流センター、子育て応援センターといった公共施設部分と、新鮮な農産品や畜産加工品が並ぶ［紫波マルシェ］、カフェ、飲食店、学習塾といった民間施設部分からなる官民複合施設です。町は、町民との合意形成を図り、町の代理人である民間事業者は、地域のリソースと小規模なまちのスケールに合わせた市場ニーズを丹念に分析したうえで、身の丈に合った設計・建設をし、建設後、公共施設部分を紫波町に売却するという仕組みが取られました。その過程では、金融機関、ファイナンシャルアドバイザー、デザイン会議と呼ばれる各分野の専門家集団が関わり、利益を生み出す町の施設として運営されています。補助金に依存しないまちづくりの実践例であり、そこから多くを学ぶことができます。

図12-1　オガール全体の様子（提供：紫波町）

図12-2　オガールアリーナ
（提供：オガール企画合同会社）

図12-3　お祭りの様子（提供：嵩和雄）

📖　参考文献

1.　オガール HP http://ogal.jp/
2.　Chika Igaya「岩手県紫波町「オガールプロジェクト」補助金に頼らない新しい公民連携の未来予想図」HUFFPOST、2014年9月10日、https://www.huffingtonpost.jp/2014/09/10/shiwa_n_5795002.html

CHAPTER 5

13 | 京都移住計画

図 13-1　音の出せる「シェアアトリエ」を借りる
という選択肢
（出典：京都移住計画 HP「050_京都駅発クリエーターのた
めのシェアアトリエ」https://kyoto-iju.com/living/050）

図 13-2　銭湯の魅力など、地域情報も広く発信
される（源湯）
（出典：京都移住計画 HP「「ただいま」と言いたくなるほど心
地いい銭湯『源湯』」https://kyoto-iju.com/space/ba_14）

図 13-3　移住茶論（嵐電貸し切り企画）
（提供：京都移住計画）

図 13-4　みんなの移住計画イベント（現代版参勤交
代）（提供：京都移住計画）

言わずと知れた日本の代表的観光地・京都も、2006年から本
格的な少子高齢化の局面に突入しました。同時に、観光客およ
び海外富裕層を対象としたホテルの開業が相次ぎ、地価が急増
したことで、風情を残す町並みは刻々と消失しています。

そんな京都で暮らしたい人を応援する想いで立ち上がったの
が、2012年から活動を開始した任意団体「京都移住計画」です。
京都へUターンおよびIターンとして移り住む人を対象に、居・
職・住にまつわる多様な支援メニューを提供しています。

移住を考える人の最初の足掛かりとして不定期開催されてい
るのが、すでに移住した人とつながりをもてる「京都移住茶論」
です。週末の午後という集まりやすい時間帯に、京都の年中行
事・歳時記などの紹介、子育て、働き方や暮らし方など様々に懇
談する会です。京都だけでなく東京などでも実施されています。

京都移住計画で紹介される物件は、シェアハウスやシェアア
トリエ、元店舗、改装可能なスケルトン物件などユニークなも
のが多く、移り住むということだけではなく、移住先でどう生
きていくかということを前提に、多様な物件が用意されています。

移住後の暮らしに注目し、ネットワークを広げてきた活動は、
今では「みんなの移住計画」として全国に広がり、2021年5月
時点で20以上の地域に及ぶようになりました。その立ち上げの
多くが、地元を再び元気にしたいという30代の若者層が多く、
その運営も専業や兼業など様々です。地域によっては、運営メ
ンバーの肩書きが「移住コンシュルジュ」「コミュニティ担当」「ウ
ェブやインテリアなどのデザイナー」「ライター・メディア担当」「不
動産担当」など、既存の肩書を超えて活動している様子が伺え、
またSNSを活用した情報発信や交流の機会が活発であるのも
特徴といえます。

📖　参考文献

1.　京都府総務部自治振興課「今後の高齢化・人口減少社会における府・市町村のあ
り方研究会最終報告書」2006、https://www.pref.kyoto.jp/tiho/documents/ari-
kataken-saisyuhoukoku.pdf
2.　京都移住計画 HP https://kyoto-iju.com/
3.　みんなの移住計画 HP https://minnano-iju.com/index.html

CHAPTER 5
14 | ミズベリング

近代化の過程で、まちの水運・舟運が衰退し、豪雨氾濫の危険性や生活・産業排水による水質悪化が重なり、次第に厄介者扱いされるようになったのが水辺です。しかし、かつて水辺には人々が集まり、まちの中で最も賑わいのある場所でした。そのような水辺の美しさと賑わいを取り戻し、人々にとって身近な存在として再生するために、河川空間の利活用を進めるのが「ミズベリング・プロジェクト（以下、ミズベリング）」です。

河川空間の法規や計画・事業を主管する国土交通省が旗を振り役となっていますが、民間の市民や企業、河川空間を所有・管理する地方自治体などじつに多様な主体が連携しています。「まちにある川や水辺空間の賢い利用」「民間企業等の民間活力の積極的な参画」「市民や企業を巻き込んだソーシャルデザイン」という3つのコンセプトを掲げ、クルーズやデッキ・護岸整備など河川空間の利活用にとどまらず、まちの未来をデザインするという大きなビジョンを掲げています。

ミズベリングの面白さと魅力は、まちの人々が必要だと感じ、大切に思う水辺のアイデアを、自らのアクションで試みているところです。行政は、河川空間に関する法規・規則の緩和、事業の補助・支援を進め、市民や事業者の連携・協働をサポートする役割を果たしています。

また、魅力的な情報発信やネットワーク構築も特徴のひとつです。「水辺で乾杯」「MIZBERING FORUM」といったイベントで活動を社会に発信し、取り組んでいる人同士も盛んに交流や情報交換を行っています。また、洗練されたロゴやウェブサイト、ミズベリングのノウハウをまとめたハンドブックや冊子の発行など、だれもが参加したいと思わせる創意工夫が凝らされています。このようなアクションによって、全国で100を超える地域が活動に参加しています。

図 14-1　和歌山市内の堀川再生のプロジェクト（提供：水辺総研）

図 14-2　福井県日野川おしゃれなり・BAR プロジェクトで賑わう日野川河川敷（提供：水辺総研）

図 14-3　「ミズベリングフォーラム 2019」集合写真。年に一度、全国の水辺活動家が東京に集結。（提供：ミズベリングプロジェクト）

図 14-4　「水辺で乾杯 2021」バナー。7 月 7 日7 時 7 分、「水辺で乾杯」に 1 万人が参加。（提供：ミズベリングプロジェクト）

参考文献

1. ミズベリング HP https://mizbering.jp/（2021 年 1 月 31 日閲覧）
2. ミズベリング・ビジョンブック編集部『ミズベリング・ビジョンブック　ミズベリングの現場から見えてきた水辺の未来』ミズベリング・プロジェクト事務局、2018

シェア金沢

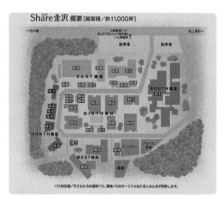

図15-1　[シェア金沢]の概要（文献1より引用）

図15-2　普段の街の様子（提供：シェア金沢）

図15-3　地域の温泉無料世帯による年末奉仕活動の様子（提供：シェア金沢）

　[シェア金沢]とは石川県金沢市の郊外に位置する多種多様な施設群の総称で、日本版CCRC（p.52）のモデルにもなった「生涯活躍のまち」です。生活を支える商店や飲食店とともに、障がい児入所施設、高齢者通所施設、サービス付き高齢者向け住宅（サ高住）、学生向け住宅、温泉施設などが整備されており、農園やアルパカ牧場もあります。エリア内は歩車専用の小径が張り巡らされ、安全性と回遊性に配慮した環境になっています（図15-1）。

　入所した高齢者や障がい者は、そこで働き、趣味や交流を楽しみながら生き生きと暮らします。また学生向け住宅はシェア金沢での月30時間のボランティア活動を条件に、安価で入居することができます。レストランや直売所には、他地域からの来訪者も大勢訪れています。世代や障がいの有無、地域内外にかかわらず、多様な人々が「ごちゃまぜ」に集まり、交流する場づくりが進められた結果、地域を基盤として支える側・支えられる側の区別のない関係性が住民同士で築かれています。

　これはかつての地域社会にあったコミュニティの再生と、今日の長寿社会、多様性社会における課題解決とを重ね合わせるという理念に基づいたものであるといえます。小さな空間単位で、色々な世代が、時間や労力をシェアしながら生きる生活像は、これからの日本がお手本にすべきまちの姿でもあります。

　高齢者向け施設や飲食店など、シェア金沢を構成する一つひとつの施設は、あなたのまちにもあるはずです。シェア金沢での暮らしを参考に、それらを部分的でもつなげる取り組みにチャレンジしてみるのも良いかもしれません。

📖　**参考文献**

1.　シェア金沢HP http://share-kanazawa.com（2021年2月9日閲覧）
2.　山崎亮『ケアする街のデザイン 対話で探る超長寿時代のまちづくり』医学書院、2019

6 章

知っておきたい基礎知識

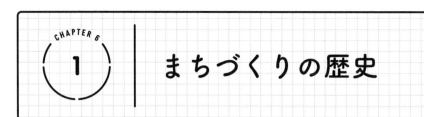

まちづくりの歴史

CHAPTER 6
1

0 時代の流れを読み、現在を捉える

本章は、まちづくりに関する基礎知識を見渡し、より深い学習への足掛かりを提供することを目的としています。まちづくりでは、そのまちをより良くするためにいかに課題を設定するかが欠かせないポイントとなります。そして、そのまちの課題を見つけるには、課題の背後にある時代の流れを読み、現在の時代を捉える必要があるでしょう。ここでは、1960年ぐらいからの50年ほどの戦後社会でまちづくりがどのように捉えられてきたかを、およそ15年単位で区切りながら、その変遷について簡素に概観します。

1 1960年代まで

1950年代に用いられた「町つくり」は、中央の動きに対して、地方の動きに着目するものでした。こうしたなかでも一部の社会学者たちは、制度としての都市計画に対して、住民本位の運動として「町づくり」という言葉を用いており、現代のまちづくりという言葉のニュアンスに通じる考え方がすでに示されていたともいえます[1,3]。

1960年代に入ると、大都市部から農山漁村に至るまで、高度経済成長による急速な都市化や近代化が起こりました。まちが激変していくなかで、異議を申し立てる告発型の市民運動が、主に都市部や都市近郊において起こりました。生活水準を守るために、〈シビル・ミニマム〉が主張されました。とはいえ、こうした運動を「まちづくり」と呼ぶ時代はまだ到来していませんでした。一方で地方中小都市や農山漁村においては真逆の状況であり、過疎化が進みました。まちを出て行く若い世代が増え、近代化の波が押し寄せてくるからこそ、それまでの自分たちの生活環境を守り、よりよく創造しようとする「まちづくり」の発想が生まれていきました。山間部にある各地の宿場町などでは、衰退し荒廃していくまちを守ろうとする〈町並み保存運動〉

▶ **シビル・ミニマム**
ブリタニカ国際大百科事典（2014）によると「現代都市における市民生活の必要最小限の基準。（中略）近代都市が市民のためにそなえるべき教育や医療、住宅や公園、緑など市民生活に関連する社会資本や社会保障の最低基準を数量的に明確化」して、自治体が施策を実施した基準のこと[3]。

などもこの時期に花開いていきました。また、都市部の住まいと工場が混在するような地区では、自分たちの住環境を改善するために、単発的な告発ではなく、望ましい生活環境の姿を提案していく方向に展開していきます[1,4]。

　まちづくりという言葉のなかには、「まちをつくる」という自らの主体的で能動的な関与が含意されています。生活するまちを自ら保全し、創造する息の長い運動としてみると、まちづくりは1960年代に始まったといえるでしょう[1]。

2　1970年代から1980年代前半

　1970年代に入るとオイルショックがあり、経済成長は鈍化しました。大都市圏への人口流入も落ち着き、定住者たちは「まち」に目を向けはじめます。生活を守るために、自然保護や日照権といった居住環境の保全、商店街の活性化や歴史的環境の保全など、様々な個別の課題が浮き彫りとなります。まちづくりという言葉はこうした問題課題とともに全国へ浸透し、盛んに実践されるようになりました。例えば、防災上課題のある「木造密集市街地」（1章、p.23 / 3章、p.92）での防災まちづくりがあります。単に不便や危険性を解消することにとどまらず「将来の生活イメージを地域の共通目標に掲げた運動」として定着していきます[1,4]。

　1970年代は「地方の時代」といわれます。日本全国で地域主義的な主張が巻き起こり、1970年代後半には、地域が継承してきた文化や環境に基づいて、自律的な発展をめざす〈内発的発展論〉が登場します。1975年に文化財保護法が改正され、〈伝統的建造物群保存地区〉（3章、p.99）が創設され、法的に歴史的な町並みを面的に保護できるようになりました。住民主体で〈地域資源〉を発掘し、機が熟したところから選定していくという仕組みが特徴です。1980年代に入ると、都市計画法が改正され、地区レベルでの都市計画である〈地区計画〉（3章、p.99）の制度が導入されました。地域住民による合意が都市計画上の法的な規制力をもつようになります。以降、地域の実情に合ったまちづくりを進めていくうえで重要な手法となりました[1,4]。身近な地域環境の保全から出発した「まちづくり」は、このころから地域固有の課題を克服し、固有の価値を見出す方策であると考えられるようになります。

▶ **内発的発展論**

鶴見和子・川田侃（1992）によると、西欧を手本とした近代化方式に対して、「それぞれの地域という小さい単位の場から考え出していこうとするのが内発的発展方式である。（中略）それぞれの地域の生態系に適合し、住民の生活の必要に応じて、地域の文化に根ざし、住民の創意工夫によって、住民が協力して発展のあり方や道筋を模索し創造していくべきだ、という考え方」とあり、まちづくりの理論的ベースの1つになっている[5]。

3 1980年代後半から1990年代

ふるさと創生

竹下内閣が地域振興を目的に1988年から1989年に実施した「自ら考え自ら行う地域づくり事業」の通称。全国の約3,000の自治体に対して自由に使える資金として1億円を交付した[6]。

1980年代後半はバブル期のただなかで、東京圏など大都市圏への都市機能の集中、人口の再集中が起こりました。地方圏では産業の不振や雇用問題が深刻化していました。地価高騰が凄まじく、都市部に限らずバブル経済のもと地上げや乱開発が全国に派生し、多くの町並みや自然環境が破壊される事態でした。この時期のまちづくりは、なかなか有効な手立てをもてずにいました。この頃、〈ふるさと創生〉の名のもとで全国の市町村に1億円が配分されます。まちづくりへの関心は高まったものの、個性を履き違えた不思議なデザインのシンボル施設など、のちにハコモノ批判の的となる公共施設の整備が横行しました[1,4]。

しかし一方で、行政と民間（市民や事業者）の「協働」という概念が使われはじめたのもこの頃です。それぞれで役割分担をしつつ、まちづくりを進めることが可能になっていきました。〈都市計画マスタープラン〉（3章、p.97）の市民参加において〈ワークショップ〉が盛んに行われたのもこの頃です。ハード整備の充実だけではなく、人材を育成するまちづくり塾などが全国各地で開かれるようになります。さらに先進的な自治体は、地域の合意に基づいた景観や土地利用を規制誘導する条例や仕組みをつくり上げていきました。豊かな自然や歴史を生かして地域の固有性を発揮していくまちづくりは全国へと次々に展開していき、2004年の〈景観法〉制定へとつながっていきます[1,4]。

1991年にバブル経済が崩壊しました。バブルのなかで荒れ果ててしまった地域経済の立て直しは、以降のまちづくりにおける重要なテーマになっていきます。とりわけ1990年代の規制緩和によって、郊外へのショッピングモール出店が加速し、中心市街地の衰退が顕著になっていきました。今でいう〈エリアマネジメント〉によるまちづくりが求められるようになり、1998年には中心市街地活性化法が制定され、それぞれの商店街ではなく中心市街地全体を経営していく組織（まちづくり会社）（2章、p.49）が登場しました[1]。

中心市街地活性化法

まちづくり3法の1つとして制定された。それまでの個店や商店街に着目した振興策から、中心市街地を面的に捉えた、自治体の創意工夫のもと市街地の整備と商業振興を一体的に行うものとなった。

もう1つ、まちづくりに大きな影響を与えたのが、1995年に起きた阪神・淡路大震災です。震源に近い神戸市の市街地（長田区など）は、公害反対運動に端を発し約30年にわたるまちづくりの蓄積がある地域でした。住民自らの消火活動によって災害被害を軽減し、その後の復興にも大きな影響があり、日頃からまちのつながりや地域の自治力を養うことが、非常時にも役立つことを示した出来事でした。また、全国各地から被災地支援のためにボランティアが集まり、「ボランティア元年」とも

呼ばれています。その3年後の1998年には、ボランティア活動
をさらに円滑に行えるよう〈特定非営利活動促進法（NPO法）〉
（2章、p.50）が制定されました[1]。

4　2000年代から2010年代前半

　2000年の地方分権改革や2009年の民主党による政権交代な
どを経て、「公共」の捉え方が変質していきます。国も地方も
厳しい財政状況が続き、従来の国や自治体といった「お上」が
すべて行うという考え方が成り立たなくなったのです。行政は、
民間のまちづくりの団体に仕事を振り分けていきます。こうし
て形成された行政と民間の間にある中間領域を、〈新しい公共（地
域公共圏）〉（2章、p.45）などと呼びます。それまでの公共サー
ビスを、NPOや事業者がビジネス手法を用いて組織的・主体的
に担い、行政がその活動を支援していく、という関係に移行し
ます。ビジネス手法を用いて社会的課題を解決する〈ソーシャル・
エンタープライズ〉が台頭しだすのもこの時期です[11・12]。

　一方で、1章でも触れているように、日本の総人口は2000年
代半ばにピークを迎え、人口減少局面へと入りました（1章、
p.16）。少子高齢化や女性の社会進出で単身世帯が増加し、地
縁社会も衰退して、人間関係の希薄化が社会問題となります。
2010年には〈無縁社会〉（1章、p.18）という言葉が用いられる
ようになりました。その一方で、スマートフォンが普及しはじめ、
SNS上につながりを求めるようになります。2011年に起こった
東日本大震災では、その復興過程において、きずなやつながりの
重要性が謳われました。こうした背景のもと、人と人のつながり
をつくるとことを掲げた〈コミュニティ・デザイン〉という言
葉が爆発的に普及していきます。まちづくりの世界に、デザイン
思考を丹念に取り入れていく動きが生まれました。地域社会の
衰退が深刻化する一方であったからこそ、だれしもがまちづく
りに関わる、まちづくりの大衆化が進展していきます[11]。一方で、
デザイナー意識やプロデューサー意識が、まちづくりの担い手
に広まっていった感もあります。

　また4章で述べたように、2010年代は〈まちの居場所〉づく
り（4章、p.125）、とりわけリノベーション（4章、p.126）に
よる地域再生が多く見られるようになります。空き家の転用や
リノベーションそのものがまちの持続再生につながっていくた
め、まちづくりの範疇に捉えられるようになったのです。既存
の建築物を転用してまちに開く〈コミュニティ・カフェ〉（4章、
p.126）や〈子ども食堂〉（2章、p.53）のような〈まちの居場所〉

▶ **ソーシャル・エンタープライズ**
社会的な課題をビジネス手法を利用して解こうと
する企業のこと。

▶ **コミュニティ・デザイン**
ランドルフ・T・ヘスターらによるもので、1990
年代後半に日本に紹介されたアメリカの概念。大
きく捉えれば、まちづくりとあまり変わらない。
特に東日本大震災後、わが国でも一般に知られる
用語となった。

が全国に多く展開し、現在も人々のつながりを紡いでいます。

5 2010年代後半から

過度な東京一極集中では、わが国の総人口が急減するという「地方消滅論」を背景として、2014年の「まち・ひと・しごと創生法」が制定されました。これらの議論を受けつつ、地方への移住を積極的に奨励する〈地方創生〉が展開していきます。こうした背景には、地域内部の資源を活用する際に、地域外部から働く力、すなわちヒト・モノ・カネなどを取り入れて協働する必要性を指摘した〈ネオ内発的発展論〉の存在があります。全国津々浦々で、様々な外部の支援者がまちづくりを展開するようになりました[15・16]。

また、コンパクトなまちが目指され、中心市街地のにぎわいづくりなどのために2017年に改正された**都市公園法**によって、民間事業者による収益施設を公園内に設置できるようになったり、2020年の**道路法**改正によって歩行者中心の道路空間づくりが可能となったり、現在、公共空間をめぐる動きは急速に変化しています。〈タクティカル・アーバニズム〉や〈プレイス・メイキング〉など、都市の公共空間を人々が使い込むことができるように小規模ながら実践的・実験的に改変することを通じて、効果を検証しつつ、計画に影響を与えたり恒久的な整備につなげていく動きが、脚光を浴びつつあります[17・18・19]。

▶ **都市公園法**
公共オープンスペースとしての都市公園を確保しその健全な発達と公共の福祉の増進を図る法律。

▶ **道路法**
道路網の整備による交通の発達に寄与し、公共の福祉を増進するための法律。

▶ **タクティカル・アーバニズム**
長期的な戦略に立ちつつ、短期的なアクションの目に見てわかる空間の使い方を提案し、仮設的に実践したり、社会実験を行うこと[17]。

▶ **プレイス・メイキング**
道路や公園などの公共空間を対象に、一人ひとりが居心地よく、快適に過ごせる場所をつくること。またそれを通じて、豊かな都市の風景をつくり出そうとするプロセス[18・19]。

6 時代を読む力をつける

以上、まちづくりの歴史を概観してきました。その時その時の景気や人口増減などの時代状況に合わせて、まちづくりの内容も少しずつ変容しながら、展開してきていることがわかったのではないでしょうか?

辿ってきた約50年の間、それぞれのまちで市民が取り組んできたことはすべて、自ら主体的に能動的にまちに関与し、まちをより良くしていこうという意志の現れです。その意味では、50年もの間やってきたことは大きく変わらないのかもしれません。ですが2020年代以降はどうでしょう。今後のまちづくりがどのように振り返られ、語られるかは、その時代を担うあなたたち次第なのかもしれません。

まちを語るキーワードと人物

0　まちの変化やふるまいを解き明かす

　まちづくりを語るとき、たびたび引き合いに出される人物は
たくさんいます。最後の節では、この50年ほどのまちづくりの
歴史のなかで、大きく影響を与えた海外の人物たちと、彼らの
提唱した考えについてのキーワードを紹介します。まちづくり
に関わるうえで知っておきたい10事例のみにあえて絞り込み
ました。概要だけを簡便に紹介します（図1）。もしこの節を読
んだあなたが、面白そうだと思ったものがあれば、実際に著書
を読んで、学びを深めてみてください。

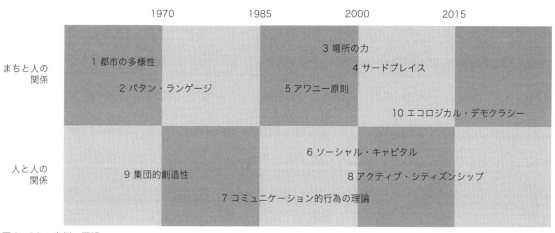

図1　10の事例の概観

1　都市の多様性 ── ジェイン・ジェイコブス（Jane Jacobs）

　アメリカの文筆家にして活動家であるジェイン・ジェイコブ
ス（1916-2006）は、都市に対する鋭い観察と文献調査により、
独自の都市論を展開しました。著作『アメリカ大都市の死と生』
の中では、近代の都市計画や都市再開発を鋭く批判します（図
2）。

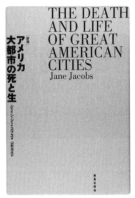

図2 『アメリカ大都市の死と生』
の表紙

ジェイコブスは、都市が安全で暮らしやすく、かつ経済的な活力を生じるために、次の4つの条件を指摘します。まず（1）複雑に入り組んだきめ細やかな多様性「混在した用途 "mixed uses"」が不可欠な要素だとしています。また、（2）安全な街路には商店主や通行人、居住者らによる「通りへの眼差し」があり、人々のネットワークが都市における資本であることを主張しました。巨大なスーパーブロックではなく「短いブロック」で街を構成することで横町を発生させ、いろんなルートの曲がり角をたくさんつくることで、人々の選択可能性を広げることができると指摘します。さらに（3）同じ近隣地区内に、様々な大きさや型や年代の「異なる建物が混ざり合っていること」で、人々のニーズが変わった時にも、その地域から出て行かなくてもよいことを指摘しました。そして最後に、（4）人々が自分たちの興味を共有できる他人とつながれるように、「高密度」に密集して暮らしたり仕事をしたりする必要性を指摘しています[20·21·22]。

2 パタン・ランゲージ ── クリストファー・アレグザンダー （Christopher Alexander）

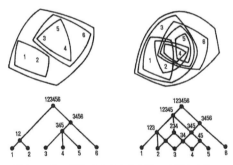

図3 ツリー構造（左）とセミラティス構造（右）
（出典：C・アレグザンダー著、稲葉武司ほか訳『形の合成に関するノート／都市はツリーではない』鹿島出版会、2013）

図4 『パタン・ランゲージ』の
表紙

アメリカの建築家・環境デザイナーであるクリストファー・アレグザンダー（1936-）は、1965年に発表した『都市はツリーではない』と題する論文において、伝統的な都市は〈セミラティス構造〉になっているが、近代都市計画によって形成される都市は単純な〈ツリー構造〉になっていると批判しました（図3)[23]。

彼の提唱する〈パタン・ランゲージ〉（図4）という方法論は、人々が自宅や街路やコミュニティを自らの手で設計すべきであるという考え方が核心にあります。効率を優先し人間や自然に対する思いやりが欠落した都市を批判し、だれもが使用できる理論を共有することで、健全な社会をつくることを目指したものです。日本のまちづくりでも実践がなされており、「川越一番街・町づくり規範」（3章、p.76）や「真鶴 美の基準」（5章、p.142）などが有名です[23·24]。

本書はアレグザンダーの研究成果の1つで、環境を構成する要素を「小さな人だまり」「座れる階段」「路上カフェ」などの253のパタンとして抽出し、パタンを言語のように組み合わせて建築やまちや地域のイメージを生成する、いわば〈セミラティス構造〉の環境を設計する手引です。

3 　場所の力 ―― ドロレス・ハイデン（Dolores Hayden）

〈場所の力〉は、アメリカの都市史学者・建築家であるドロレス・ハイデン（1945-）によって提唱されました。〈場所の力〉とは、市民が共有してきた時間を土地や景観に封じ込めることで、社会的記憶を育む力のことです。何気ない人々の仕事や生活の営みが、パブリック・ヒストリーであるという観点から地域景観の価値を考察します。つまりそれは、強者や勝者の歴史ではなく、人々の口伝や街角の何気ない景観などでしか伝えられない価値ともいえます。〈場所の力〉を顕在化させるプロセスには、地域の歴史を語る人々からの口伝、パブリック・アートや映像分野など多くのアプローチがあります。建築・都市計画・ランドスケープといった従来のまちづくり領域を越え、様々な人々との協働が必要です。そしてこのプロセスが地域を再生させる運動になるといいます（図5）[25]。

図5　『場所の力』の表紙

4 　サードプレイス ―― レイ・オルデンバーグ（Ray Oldenburg）

第一の居場所である「家」、第二の居場所である「職場・学校」とともに、個人生活を支える第三の居場所である〈サードプレイス〉に着目して論じたのが、アメリカの社会学者であるレイ・オルデンバーグ（1949-）です。著書『サードプレイス』では、人々は家庭や職場・学校での役割を離れることができる第三の場所でこそ、真にくつろぐことができるといいます。それは、カフェや居酒屋、本屋や図書館など、情報交換したり活動の拠点になったりする場所のことです。地域社会に暮らす市民が、特に明確な目的もないのに出かけて行き、居合わせた人々で楽しい時を過ごせるような場所です。居心地のよい場所で、様々な他者と好意的な関係を築くことによって、常連客一人ひとりの視野が広がり、より寛容な社会の実現に結びついていきます。〈サードプレイス〉は、近代化・都市化の進展で他者と関わりづらくなった人々が孤独を克服し、地域生活を再び活気づけていくための核になりうる、としています（図6）[26]。

図6　『サードプレイス』の表紙

5 アワニー原則 ── ピーター・カルソープ（Peter Calthorpe）ほか

図7 『次世代のアメリカの都市づくり』の表紙

　1990年代、すでに成長の限界を迎えていたアメリカでは、建築家や都市プランナーによって、今後のコミュニティをどのように機能させるかが議論されていました。その最も有名な議論が、1991年にアワニー（The Ahwahnee）というホテルで開催されたニューアーバニズム会議です。第2次世界大戦前の歩行者中心の小さな町、自動車依存からの脱却や資源の無駄遣いをコントロールすることが目指されました。ピーター・カルソープ(1949-)ら6人のアメリカ人建築家がこうしたビジョンを盛り込み起草したものが〈アワニー原則(The Ahwahnee Principles)〉です。〈アワニー原則〉では自動車への依存を減らし、生態系に配慮し、人々が自分の住むコミュニティに強いアイデンティティがもてるようなまちを創造することが提案されています。掲げられているのは、コミュニティの原則、リージョン（地域）の原則で、実現のための戦略も示されています。〈アワニー原則〉に基づく都市づくりは、ニューアーバニズムと呼ばれています。カルソープの著書『次世代のアメリカの都市づくり』に詳述されているように、ここでは、公共交通を重視し、歩ける範囲を生活圏と捉えた都市づくりにより、安全性や生活の質の確保と伝統的なコミュニティの維持が目指されています（図7）[27・28]。

6 ソーシャル・キャピタル ── ロバート・D・パットナム（Robert D. Putnam）

図8 『哲学する民主主義』の表紙

　アメリカの政治学者であるロバート・D・パットナム（1940-）は、約20年間にわたってイタリアの地方分権を調査しました。自発的なグループが根をはり、市民が様々な分野で活発に地域活動をする水平的で平等主義的なまちは、地方政府のパフォーマンスも高いことを発見しました。そして、〈ソーシャル・キャピタル〉という概念を提起します。相互のもののやりとりの規範、相互の信頼、市民の積極的な参加などが緊密に絡み合う社会において、人々が活発に協調し行動することで、社会のパフォーマンスが高まると考えました。〈ソーシャル・キャピタル〉は、人々のつながりや絆を公共財として位置づけています（図8）。

　ちなみに〈ソーシャル・キャピタル〉は直訳すると「社会資本」となり、それだと日本の場合、道路や公園など都市施設を意味するものになってしまう点に注意が必要です。日本では「社会関係資本」や「市民関係資本」などと訳されます[29・30]。

7 コミュニケーション的行為の理論
—— ユルゲン・ハーバマス（Jurgen Habermas）

ドイツの哲学者であるユルゲン・ハーバマス（1929-）は、公共性論やコミュニケーション論で知られています。ハーバマスは、人間の行為や生活様式が合理的であることを2つに分けて考えています。1つ目が〈コミュニケーション的合理性〉です。これは例えばカフェで対話するなど、生活に根ざした「コミュニケーション的行為」のうちに表れるとしています。これに対して、もう1つは〈目的合理性〉です。成果志向と結びついて、システムにおいて働く合理性であるとしました。近代以降の社会は、自己中心的な行為の合理性を重視する〈目的合理性〉に偏重しているとハーバマスは指摘し、これに対して〈コミュニケーション的合理性〉を提起します。コミュニケーションを通じて人々は共通理解を得ることができ、社会的な相互関係を構築できるという価値観に基づいており、より民主的で公共的な交流が可能になるとしています（図9)[31]。

図9 『道徳意識とコミュニケーション行為』の表紙

8 アクティブ・シティズンシップ
—— バーナード・クリック（Bernard R. Crick）ほか

1990年代はイギリスでトニー・ブレア政権が誕生し、資本主義・市場主義と社会主義の対立を乗り越える「第三の道」を標榜しました。コミュニティの再生やアクティブな市民社会、シティズンシップの尊重や公共空間へ参加する権利の保障などを骨子とする、〈社会的包摂〉としての平等が提起されました。イギリスの政治学者のバーナード・クリック（1929-2008）らは、シティズンシップに関するイギリス政府からの諮問委員会の最終レポート（通称：クリック・レポート）で、〈アクティブ・シティズンシップ〉という理念を掲げました。積極的に自立し、社会参加する有能な市民を育てることを重要視したのです。シティズンシップ教育とは、子どもたちが能動的な市民に育つために必要な権利と義務の意識や、責任感を高めることを目的としています。他者や地域との関係性を多角的に捉え、問題解決のプロセスも自分で判断し、具体的に地域社会へ働きかける姿勢が強調されています（図10)[32,33]。

図10 『シティズンシップ教育論』の表紙

9 集団的創造性 ── ローレンス・ハルプリン（Lawrence Halprin）

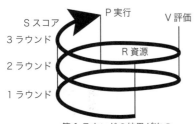

図11　RSVPサイクル（出典：文献34）

図12　『集団による創造性の開発』の表紙

「三人寄れば文殊の知恵」と言うように、まちの様々な問題には、ひとりよりも多くの人々が知恵を出し合って解決していく、そんな〈集団的創造性（Collaborative Creativity）〉を発揮していくことが有効です。環境デザイナーであるローレンス・ハルプリン（1916-2009）らが考案した〈ワークショップ〉は〈RSVPサイクル〉というプログラムの方法で構成されています（図11）。参加者は、個々の経験や能力、情報などのすべてのResources（資源）を分け合い、楽譜のようなScores（スコア）に基づいてPerformance（実行）します。それを踏まえて、意見や批評が加えられ、議論を行い、代替案など検討するValuaction（評価）が行われ、次につなげていきます。実りない状況を避け、体験を共有し、だれもが集団的創造に加わったと感じる状況をつくることが重視されます。この方法は、環境デザインやまちづくりなどにとどまらず、家族や個人間の関係、社会での活動などの諸分野を含めた、全般的な集団的創造に向けられており、今日多様な分野で実施されている〈ワークショップ〉の基盤になっています（図12）[34・35]。

10 エコロジカル・デモクラシー ── ランドルフ・T・ヘスター（Randolph T. Hester）

図13　『エコロジカル・デモクラシー』の表紙

アメリカのランドスケープアーキテクトであるランドルフ・T・ヘスター（1944-）は『エコロジカル・デモクラシー』の中でエコロジー（地域生態系）とデモクラシー（社会的平等）が結びつき、人々の心に触れる都市を創るための都市形態の理論をまとめています（図13）。

〈エコロジカル・デモクラシー（Ecological Democracy）〉とは、自然を再生することと社会を再生することを意識的に連動させることです。自然と社会をつなぐものが、一人ひとりの人間であることを自覚していくことから始まります。デモクラシーの主体である私たち自身が、大小様々なスケールで、具体的な場所に根づいたエコロジカルなつながりを選びとることを促します。例えば都市の開発を抑制して緑地を保全し、エコツーリズムなど多様な市民が運営に関われる公共空間を用意すれば、市

民は主体的で民主的な決定がよりできるようになります。また、飛躍的な技術革新が進展しているなかで、再び人々が自然とつながり、コミュニティを形成していこうとする世界観でもあり、文明論であるともいえます（図13、14）[36・37]。

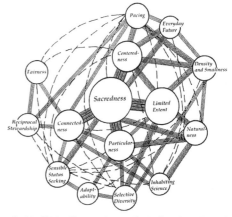

「聖性」「都市の範囲を限定する」「つながり」「センター――中心性」「特別性」が〈エコロジカル・デモクラシー〉への実都市の形態を作る原動力となる

図14　エコロジカル・デモクラシーの15の原則
（出典：文献37）

11　「まちに足りないもの」を問い続ける

　これまで見てきた10名の海外の人物とキーワードは、基本的には、近代的な都市づくりに批判的な眼差しを向けて、人々とまち・都市の関係や、人と人との関係をどのようにつくっていくべきかを論じているものでした。物理的なものだけではなく、そこに生まれる関係性もまちの真の豊さには大切なのかもしれません。

　あなたが興味をもった人物やキーワードは実際のまちづくりの実践において、どのように活かされているのか、観察して考えてみるのも良いでしょう。また、国内外にはほかにも様々な考えをもった先人・先達たちがたくさん実践をしてきており、様々なキーワードを提唱しています。本書で紹介されていない人物について、詳しく調べていくことからも、たくさんの学びを得られることでしょう。

まちづくりビブリオバトル

　10のキーワードと人物がこれまでに紹介されました。以下の関連する10冊をもとにビブリオバトルをしてみましょう。「ビブリオ」は書物を意味するラテン語由来の言葉です。ビブリオバトルとは谷口忠大氏が考案した、ゲーム感覚の書評合戦です。自分たちで「チャンプ本」を選びます。ルールは以下です。

STEP1 　発表者は、面白いと思った1冊を選び、読んできます。

STEP2 　ひとり5分の持ち時間で、パワポやレジメなどを用いずに、自分の言葉だけで、本の面白さを紹介します。

STEP3 　それぞれの紹介の後に、参加者全員でその本に関するディスカッションを2〜3分行います。

STEP4 　全員の紹介が終わったら、「どの本が一番読みたくなったか?」を基準に、参加者全員が一票で投票して、最も票が集まった本を「チャンプ本」とします。

No.	表紙/本の情報	発表者の意見についてのメモを記入しましょう
1	THE DEATH AND LIFE OF GREAT AMERICAN CITIES Jane Jacobs アメリカ大都市の死と生	
2	環境設計の手引 パタン・ランゲージ C.アレグザンダー著 平田翰那訳	
3	場所の力	

※古書で流通していなかったりするものもありますので、各地の図書館等で探してみましょう。

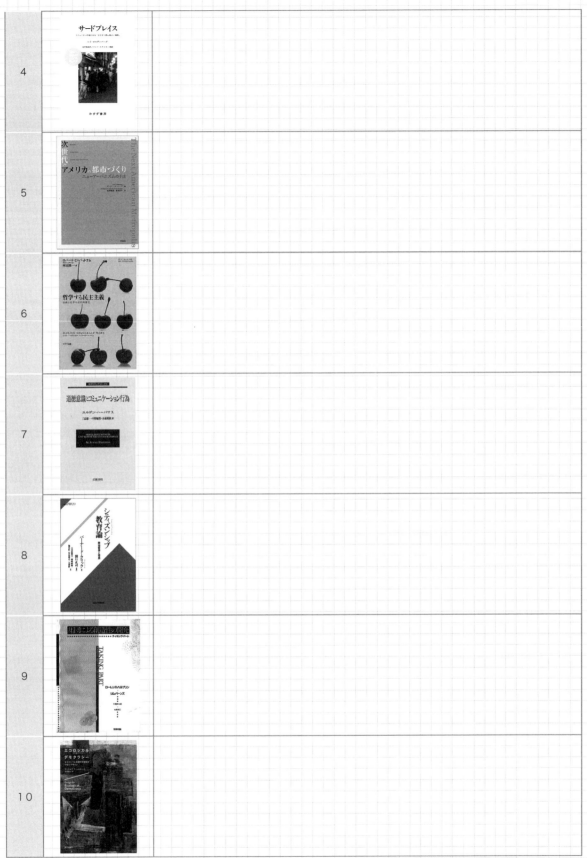

4		
5		
6		
7		
8		
9		
10		

参考：知的書評合戦ビブリオバトル HP　http://www.bibliobattle.jp/rules（2020 年 5 月 28 日閲覧）

📖 参考文献

1. 西村幸夫「まちづくりの変遷」『まちづくりを学ぶ 地域再生の見取り図』有斐閣、2010
2. 渡辺俊一、杉崎和久ほか「用語「まちづくり」に関する文献研究（1945〜1959）」都市計画論文集 32 巻、1997、pp.43-48
3. ブリタニカ大百科事典、2014、p.733
4. 後藤春彦監修、後藤春彦研究室編著『まちづくり批評 愛知県足助町の地域遺伝子を読む』ビオシティ、2000、pp.152-169
5. 鶴見和子・川田侃編『内発的発展論』東京大学出版会、1989
6. 北陸の視座 vol.23 http://www2.hokurikutei.or.jp/lib/shiza/shiza10/vol23/topic2/glossary/note03.html（2020 年 4 月 27 日閲覧）
7. 国土交通省『エリアマネジメント推進マニュアル』2008、p.9
8. 小林重敬編『最新 エリアマネジメト』学芸出版社、2015、pp.10-18
9. 内閣府 HP https://www.npo-homepage.go.jp/about/npo-kisochishiki/nposeido-gaiyou（2020 年 4 月 27 日閲覧）
10. NPO WEB http://www.npoweb.jp/modules/faq/index.php-content_id=5（2020 年 4 月 27 日閲覧）
11. 小泉秀樹『コミュニティデザイン学 その仕組みから考える』東京大学出版会、2016
12. 大室悦賀、特定非営利活動法人大阪 NPO センター『ソーシャル・ビジネス 地域の課題をビジネスで解決する』中央経済社、2011
13. 山崎亮『コミュニティデザイン 人がつながるしくみをつくる』学芸出版社、2011
14. 日本建築学会編『まちの居場所 ささえる／まもる／そだてる／つなぐ』鹿島出版会、2019
15. 増田寛也『地方消滅 東京一極集中が招く人口急減』中央公論新社、2014
16. クリストファー・レイ「再帰的な専門家と政策プロセス」安藤光義、フィリップ・ロウ編著『英国農村における新たな知の地平 -Centerfor Rural Economy の軌跡 -』農林統計出版、2012
17. ソトノバ HP https://sotonoba.place/tacticalurbanism_vancouver（2020 年 4 月 28 日閲覧）
18. UR 都市機構 HP https://www.ur-net.go.jp/aboutus/action/placemaking/lrmhph0000009251-att/2.pureisumeikinngutoha.pdf（2020 年 4 月 28 日閲覧）
19. 園田聡『プレイスメイキング アクティビティ・ファーストの都市デザイン』学芸出版社、2019
20. 芝浦工業大学システム理工学部環境システム学科・防災空間計画研究室 HP https://www.planktonik.com/nakamurajin/jacobs/（2019 年 12 月 16 日閲覧）
21. 中村仁「ジェイコブスとアレキサンダー」『都市計画とまちづくりがわかる本』彰国社、2011、pp.32-33
22. G. ラング・M. ウンシュ著、玉川英則・玉川良重訳『常識の天才ジェイン・ジェイコブス「死と生」まちづくり物語』鹿島出版会、2012
23. C・アレグザンダーほか著、平田翰那訳『パタン・ランゲージ 環境設計の手引き』鹿島出版会、1984
24. アートスケープ HP：Artwords（パタン・ランゲージ） https://artscape.jp/artword/index.php/ パタン・ランゲージ（2019 年 12 月 9 日閲覧）
25. ドロレス・ハイデン著、後藤春彦・篠田裕見・佐藤俊郎訳『場所の力 パブリック・ヒストリーとしての都市景観』学芸出版社、2002
26. レイ・オルデンバーグ著、忠平美幸訳『サードプレイス コミュニティの核になる「とびきり居心地のよい場所」』みすず書房、2013
27. 川村健一・小門裕幸『サステイナブル・コミュニティ 持続可能な都市のあり方をも読めて』学芸出版社、1995、pp.46-53
28. 坂井信行「コミュニティと地域自治」『都市・まちづくり学入門』日本都市計画学会関西支部新しい都市計画教程研究会、学芸出版社、2011、pp.94-110
29. ロバート・D・パットナム著、河田潤一訳『哲学する民主主義 伝統と改革の市民的構造』NTT 出版、2001
30. 日本総研 HP：ソーシャル・キャピタルって何だ？？その 1 https://www.jri.co.jp/page.jsp-id=13231（2019 年 12 月 9 日閲覧）
31. 千葉芳夫「コミュニケーション的合理性と目的合理性」佛教大学社会学部論集第 31 号、1998
32. 松村暢彦「まちづくりを担う市民」『都市・まちづくり学入門』日本都市計画学会関西支部新しい都市計画教程研究会、学芸出版社、2011、pp.141-154
33. 山田格「バーナード・クリックのシティズンシップ教育を日本教育現場で考える」https://www.jstage.jst.go.jp/article/tits/22/1/22_1_26/_pd-f/-char/ja（2019 年 12 月 16 日閲覧）
34. https://artscape.jp/artword/index.php/RSVP サイクル（2019 年 12 月 9 日閲覧）
35. 木下勇『ワークショップ 住民主体のまちづくりへの方法論』学芸出版社、2007
36. ランドルフ・T・ヘスター著、土肥真人訳『エコロジカル・デモクラシー まちづくりと生態的多様性をつなぐデザイン』鹿島出版会、2018
37. エコロジカル・デモクラシー財団 HP https://ecodemofund.wixsite.com/mysite/blank-17（2020 年 5 月 5 日閲覧）

索　引

おわりに

　一見シンプルでわかりやすい『はじめてのまちづくり学』というタイトルには、様々な思いが込められています。

　まず、「まちづくり学」という言葉です。果たしてまちづくりは「学」たり得ているのか？そんな想いまで生まれてきます。学とは体系のことですので、辞書のようなものではなく体系を組む必要がありました。少なくとも筆者らにとっては、大きな挑戦でした。入門書という前提に立つならば、基本的な事柄を体系的に示すことで「まちづくり学」なる重みに、少しは応えられたのではないでしょうか。また、学問としてはまだ歴史の浅い"まちづくり"という分野に、自分たちなりの考えを重ねてみることで、まちづくりを学として発展させていくことにも少しは貢献できたのではないでしょうか。

　次に、「はじめての」という言葉です。普通に考えれば「初学者向け」のといった意味です。少々、内容が希薄であるという指摘もあろうかとは思いますが、それは初学者向けにシンプルにすることを目指した結果です。適宜資料などを加えて、授業を行ったり、自らの学習を深めていただければと思います。ところで、執筆を進めるなかでもう1つの意味もあるなと思うようになりました。それは「全く新しい」という意味です。いささか大袈裟ではありますが、これまでにない新しい切り口で、まちづくりを捉え直すことができたと私たちは考えています。私たちのキュレーションによって、ある程度定評のあるものを整理して編集して噛み砕いて解説することで見えてくるまちづくりの世界が、本書には描かれていると思います。この評価もまた、読者にお任せすることにします。

　様々な先達の方々がおられるなか誠に恐れ多いことですが、胸を張って本書『はじめてのまちづくり学』を世に送り出したいと思います。

　出版にあたり、学芸出版社の岩切江津子さんには、編集に限らず多大な労をとっていただきました。にこやかな笑顔から飛び出してくる鋭い指摘に、身が引き締まる思いを何度もしました。また、神谷彬大さんには丹念にきめこまやかに校正と制作にあたっていただきました。さらに社長の前田裕資さんにも、時折重要なご指摘をいただきました。そして、デザイナーの松井和泉さんには、私たちが描いたまちづくりの世界をみごとに装丁として表現していただきました。本書の製作に関わったすべてのみなさまに、ここに謝意を表します。

　教科書づくりを進めていく過程において、2人の方々から深く意見をいただきました。まず、この4月より國學院大学にて教鞭をとっておられる嵩和雄さんです。まちづくりや地方創生の現場に関する幅広い知識や豊富な経験を踏まえて、様々な角度からアドバイスをいただきました。次に、武蔵野市役所嘱託職員の神村美里さんには、学生に近い若い感性で、プロジェクトを実際に展開している経験から鋭い意見・指摘をいただきました。ここに記して深く感謝の意を表したいと思います。

　教科書づくりの企画に賛同してくれた仲間たちと1年ほど勉強会を重ねて議論し、会食をしながら信頼関係を築いていきました。企画を出版社に持ち込み、一緒に仕事をすることになった頃に、新型コロナウイルスが次第に世間へと蔓延していきました。執筆陣と編集者がリアルにはほとんど顔を合わせることもなく画面越しに意見交換し、本書は出版されます。なにか不思議な気もしますが、これがいわゆるニューノーマルなのかもしれません。私たちの暮らし方や働き方は大きな転換点を迎えていて、もしかするとまちづくりもそうなのかもしれません。

　本書が、全国の津々浦々のまちに暮らし働く人々や、そこを往来し交流し集う人々の手に届き、まちづくりや地方創生に取り組もうとしている方々に少しでも参考になり、まちづくりの実践へと誘うことができ、さらに、それらが息の長い取り組みへと発展していくのであれば、こんなに幸せなことはありません。

2021年7月　緊急事態宣言下のコロナ疎開先、鎌倉の外れにて。

執筆者を代表して　山崎義人

■ 著者略歴

山崎義人（やまざき・よしと） 主な担当：全体の総括、および序、4 章、5 章（分担）、6 章
東洋大学国際学部国際地域学科教授。博士（工学）。1972 年鎌倉生まれ。早稲田大学在籍時に後藤春彦に師事。まちづくりや地域再生の研究・実践について学ぶ。1997 年（株）地域総合計画研究所にて、主にマスタープランの市民参加業務を担当。流山の市民版マスタープランづくりなどに携わる。2000 年早大博士後期課程復学とともに、小田原市政策総合研究所副主任研究員として NPO 法人小田原まちづくり応援団の立ち上げに至るまちづくり活動にかかわる。2002 年早大助手、2004 年神戸大学 COE 研究員（シャレット・ワークショップ長田再活性を企画実施）、2008 年兵庫県立大学講師、2014 年同大学院准教授。豊岡市寿町にシェアスペース「コトブキ荘」創設。2017 年より現職。編著書に『住み継がれる集落をつくる』（学芸出版社、2017）、共著書に『いま、都市をつくる仕事』（学芸出版社、2011）、『無形学へ：かたちになる前の思考』（水曜社、2017）、『小さな空間から都市をプランニングする』（学芸出版社、2019）ほか。共訳書に『リジリエント・シティ』（クリエイツかもがわ、2014）。2011 年日本建築学会奨励賞受賞。2020 年日本建築学会賞（論文）受賞。

清野隆（せいの・たかし） 主な担当：3 章、5 章（分担）
國學院大學観光まちづくり学部准教授。一般財団法人エコロジカル・デモクラシー財団理事。1978 年山梨県南アルプス市生まれ。東京工業大学工学部社会工学科卒業、同大学院社会理工学研究科社会工学専攻修了。博士（工学）。在学時に土肥真人に師事、コミュニティ・デザインを学ぶ。2009 年より立教大学観光学部でプログラム・コーディネーター、助教。2014 年より江戸川大学社会学部現代社会学科で講師、准教授。この間、新潟県佐渡市宿根木集落などで大学生の力を活かした地域づくり活動に従事。2022 年より現職。「地域を見つめ、地域を動かす」をスローガンに観光まちづくりの教育に従事。共著書に『住み継がれる集落をつくる』（学芸出版社、2017）、『山あいの小さなむらの未来　山古志を生きる人々』（博進堂、2013）、『地中海を旅する 62 章』（明石書店、2019）、『世界都市史辞典』（昭和堂、2019）、『復興のエンジンとしての観光』（創生社、2021）。

柏崎梢（かしわざき・こずえ） 主な担当：1 章、5 章（分担）
関東学院大学国際文化学部比較文化学科准教授。1981 年神奈川県横須賀市生まれ。東洋大学国際地域学部卒業、アジア工科大学院（Asian Institute of Technology）都市環境マネジメント専攻修了後、東京大学工学系研究科都市工学専攻修了。博士（工学）。複数校の非常勤講師や研究員を経て、2014 年東京大学大学院工学系研究科特任助教、2015 年東洋大学国際地域学部国際観光学科特任講師、2017 年国際学部国際地域学科助教を経て 2023 年より現職。2002 年よりタイ王国の首都バンコクを中心に、スラムと呼ばれる都市インフォーマル居住地のコミュニティ開発に関する調査研究および住環境改善活動に従事。編著書に『アジア・アフリカの都市コミュニティ：「手づくりのまち」の形成論理とエンパワメントの実践』（学芸出版社、2015 年）、共著書に『国際貢献と SDGs の実現：持続可能な開発フィールド』（朝倉書店、2019）、『Evidence-based knowledge to Achieve SDGs from Field Activities』（アスパラ、2021）。

野田満（のだ・みつる） 主な担当：2 章、5 章（分担）
近畿大学総合社会学部総合社会学科環境・まちづくり系専攻講師。1985 年兵庫県神戸市生まれ。福井大学工学研究科博士前期課程修了（川上洋司に師事）、早稲田大学創造理工学研究科博士後期課程修了（後藤春彦に師事）。博士（工学）。2015 年島根県中山間地域研究センター嘱託研究員、2016 年福井大学産学官連携本部研究機関研究員、2017 年東京都立大学都市環境学部観光科学科（旧：首都大学東京都市環境学部自然・文化ツーリズムコース）助教を経て 2022 年より現職。学生時代より域学連携事業を通して関わってきた兵庫県洲本市より 2019 年に地域おこしマイスター（兵庫県版地域おこし協力隊）の委嘱を受け、大学教員との兼任による継続的なまちづくりの現場支援に携わる。その他、高知県いの町におけるまちづくり組織の立ち上げと運営等に従事。2017 年日本建築学会奨励賞受賞ほか。

はじめてのまちづくり学

2021 年 9 月 1 日 初　版第 1 刷発行
2022 年 3 月 20 日 第 2 版第 1 刷発行
2023 年 6 月 10 日 第 2 版第 2 刷発行

著者	山崎義人　清野隆　柏崎梢　野田満
発行者	井口夏実
発行所	株式会社 学芸出版社 京都市下京区木津屋橋通西洞院東入 電話 075-343-0811　〒 600-8216 info@gakugei-pub.jp http://www.gakugei-pub.jp/
編集担当	岩切江津子　神谷彬大
DTP	梁川智子
装丁・イラスト	松井和泉
印刷	創栄図書印刷
製本	新生製本